❋就缺這一款！

超實用
手拿包

Contents

PART 1 威媽

07　My House
手提束口袋
做法 P.15

08　方塊熊
面紙提包
做法 P.18

09　俏皮
夾腳拖鞋包
做法 P.20

10　防水早餐袋
做法 P.23

11　咖啡杯手提包
做法 P.25

12　甜美草莓提包
做法 P.27

13　愛瑪娃兒
零錢包
做法 P.29

14　雙層手提小包
做法 P.31

PART 2 雙魚媽

36　轉釦
造型三層包
做法 P.59

37　繁花
輕便手提袋
做法 P.49

38　學院風
迷你書包
做法 P.56

39　航海風
摺疊手拿包
做法 P.46

40　復古
大方手提包
做法 P.54

41　仿皮皺褶小包
做法 P.52

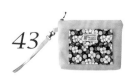

42　天使熊
信封造型包
做法 P.48

43　簡單帆布小包
做法 P.44

PART 3 橘子

64　雙拉鍊巧手包
做法 P.75

66　圓舞曲化妝包
做法 P.77

67　繽紛童話
二用提袋
做法 P.82

68　小熊花園
午餐袋
做法 P.80

69　日系
手機零錢包
做法 P.79

70　氣質
醫生口金提包
做法 P.84

72　悠閒小紅帽
手提包
做法 P.86

74　淡雅褶裙
小提包
做法 P.83

PART 4 COCO

90　寫意旅行
二用包
做法 P.101

91　幸福青鳥
手握包
做法 P.109

92　古典玫瑰
轉釦包
做法 P.105

93　巴黎半圓
隨身包
做法 P.103

94　經典
多隔層長夾
做法 P.111

96　蝴蝶結
時尚手拿包
做法 P.115

98　3C 精品
收納包
做法 P.106

100　蕾絲
雙層晚宴包
做法 P.113

3

Preface

　　2008 年 2 月開始接觸拼布，卻因對縫紉機有極大的恐懼，害怕車針會扎到手，所以一開始只敢學習手縫，直到後來慢慢克服恐懼學習車縫，就此一發不可收拾，非常熱衷於學習、研究各種車縫技巧。

　　創作的過程常常是孤獨的！要將腦子裡想的設計化作成品是有難度的，實際操作後發現可能與想像之間的落差而遇到許多挫折，但最後排除萬難做出來的成就感也是無法言喻的 ^^ 威媽享受這過程～

　　喜歡手作物的溫暖手感，可能不完美但卻是唯一！威媽愛嘗試各種風格與不同的配色，希望有越來越多人喜歡我的作品並且愛用它，這對威媽來說是最大的鼓勵 ^^

　　感謝我的伯樂：Moya 和星亞，讓威媽能有向大家發表作品的機會！也感謝支持我的親友們，讓我能一路創作下去！

　　對於威媽的作品有任何相關問題，歡迎到我的部落格詢問～

陳幼鍛 ・ 威媽

PART 1 威媽

天秤座／Ａ型
從小就愛美術、美工類的課程,
對於拼布～喜歡嘗試各種不同的技法、風格和配色,
是個不甘於只當家庭 " 煮 " 婦身分的手作狂熱者,
樂於享受沉浸在手作世界裡的美好時光。
奇摩首頁搜尋:羽翼之心～威媽手作 (wemazakka)
FB 粉絲專頁:www.facebook.com/wemazakka.fans

No.1
My House 手提束口袋
How to Make P.15

以二尺的圖案布做裁切、拼接，利用車縫技巧製作立體貼布縫，
拼貼出可愛的房屋造型。
袋口則使用人字帶來車縫包邊，更顯俐落美觀。

No.2
方塊熊面紙提包
How to Make P.18

獨一無二的方塊熊袋型，別出心裁的外打角做法，
讓生活中平凡無奇的小面紙包增添不少趣味，
利用紙袋回收的提繩來作提把，既方便又環保呢！

俏皮夾腳拖鞋包

How to Make P.20

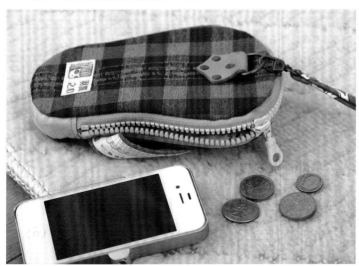

夾腳拖不只可以穿在腳上，
現在也能提在手上當零錢包嚕！
別看他小小一個，
證件、手機、相機都可以裝進去，
利用不同花色即可變換各種風格。
你也來做一雙屬於自己的夾腳拖吧！

No.4
防水早餐袋
How to Make P.23

利用防水布不會鬚邊的特性，做個簡易型的購物袋，
拿來裝餐點最恰當了！
可依個人需求來加長或加寬尺寸，
連剪下的橢圓片也能車在袋子上當裝飾片喔！

咖啡杯手提包
How to Make P.25

小巧又立體的咖啡杯造型，
是喝咖啡時靈機一動的點子。
下午茶時就拎著它，
一起共享悠閒的美好時光吧！

No.6
甜美草莓提包
How to Make P.27

甜美的草莓是許多大小女孩的最愛，
捧在手上，彷彿還能聞到香氣……
可夾上皮提把，或是直接把束口繩當提把用，
絕對是吸睛度百分百！

No.7
愛瑪娃兒零錢包
How to Make P.29

愛瑪一開始是威媽用黏土創作出來的娃兒，
特色就是她那雙大眼睛＋百變造型。
有別於一般手縫的貼布縫，
嘗試以車縫＋手繪的方式呈現，
幫愛瑪畫上喜愛的彩妝，讓整體更亮眼。

No.8
雙層手提小包
How to Make P.31

小小手提袋，像個迷你公事包，
雙層裡袋可將小物分開收納，
貼心的零錢袋設計，
讓紙鈔跟零錢可以各自收好，
方便又實用！

My House 手提束口袋

寬 23× 高 17× 底寬 19 cm

Materials 紙型 (特別說明除外) 及數字皆已含 0.7cm 縫份 (紙型 … A 面 1)

部位	尺寸 (cm)	數量	燙襯
袋身表布 (上)	↕ 5× ↔ 35	2	厚襯
袋身表布 (下) 圖案布	↕ 13.5× ↔ 18.5	2	厚襯
袋身表布 (下) 屋身條紋布	↕ 13.5× ↔ 18.5	2	厚襯
屋頂表布	紙型 1-1	2	厚襯 （不含縫份）
屋頂裡布	紙型 1-1	2	
門的表布	紙型 1-1	2	厚襯 （不含縫份）
門的裡布	紙型 1-1	2	
窗戶表布	直徑 5 圓形	4	
袋身裡布 (壓棉布)	↕ 17× ↔ 68.5	1	
袋底表布	紙型 1-2	1	厚襯
袋底裡布 (壓棉布)	紙型 1-2	1	
束口布	↕ 18× ↔ 36.5	2	

其他：3.5cm 包釦 (母釦) ×4 片、寬 2.5cm 提把織帶 50cm×2 條、寬 2.5cm 斜紋人字帶 75cm×1 條、
蠟繩 74cm×2 條、繩結珠飾 ×2 顆

說明：表袋身若不做拼接，尺寸如下：
袋身表布 (上)：↕ 5× ↔ 68.5cm 1 片
袋身表布 (下)：↕ 13.5× ↔ 68.5cm1 片 或 ↕ 13.5× ↔ 35cm 2 片

Steps

袋身表布裝飾

所有袋身表布各二片，皆燙厚布襯。

依屋頂的紙型裁厚布襯，燙於表布反面，下方外加縫份剪下，再粗裁同表布大小的裡布。

表裡布正面相對，沿著厚布襯下方弧度的邊緣車縫表布 (針距調小一點，車起來的弧度會比較順)，將縫份修剪剩約 0.3cm，尖端處剪牙口。

翻回正面整燙。

依門的紙型裁厚布襯，燙於表布反面，除了下方以外，其餘三邊需外加縫份剪下，再粗裁同表布尺寸的裡布。

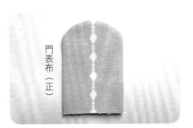

表裡布正面相對，沿著表布厚襯邊緣車縫 ∩ 形 (下方不車)，將縫份修剪剩約 0.3cm，再翻回正面整燙。

表袋身組合

7

屋頂表布（正）
屋身條紋布（正）

將屋頂和門利用布用雙面膠固定於屋身條紋布上，邊緣壓 0.2cm 裝飾線。

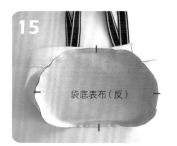

11

屋身圖案布（正）
Lettre

屋身條紋布與圖案布接縫，縫份倒向條紋布，壓 0.3cm 裝飾線。

TIPs
車縫時如遇到較厚的地方，可用手動縫紉車手輪的方式，慢慢前進以避免斷針。

15

袋底表布（反）

袋身與袋底對齊中心點車縫組合，完成表袋身。

8

取 3.5cm 包釦所附的母釦，以窗戶表布縮縫，把母釦包起來。

12

依步驟 10 標示記號，疏縫固定提把織帶。

裡袋身組合

16

袋身裡布（正）

裡袋身壓棉布左右兩側接縫，縫份打開攤平，兩側各壓一道 0.3cm 裝飾線。

9

將窗戶縫於屋身條紋布上。

13

上袋身表布（正）
Bouton

再與上袋身表布接縫，縫份倒向下面，壓一道 0.3cm 裝飾線，同做法完成兩份。

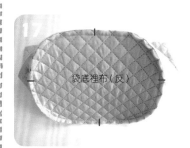

17

袋底裡布（反）

袋身與袋底車縫組合，完成裡袋身。

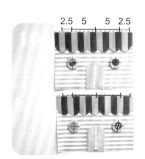

2.5 5 5 2.5

10

同方法組合另一房屋，屋身條紋布上方先標示織帶位置：中心點左右各空 5cm 處。

14

二片正面相對，接縫左右兩側，縫份倒向屋身條紋布並壓上 0.3cm 裝飾線。

裡袋身套入表袋身內，上方疏縫一圈。

束口布

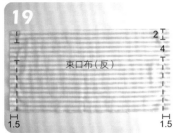

19

束口布反面的左右兩側畫上縫份 1.5cm 記號線，與另一片束口布正面相對車縫。（由上而下 2~6cm 處不車）

20

兩側縫份燙開攤平。

21

布邊往內摺，熨燙定型。

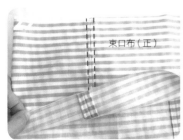

翻到正面，兩側各壓一道 0.5cm 裝飾線。

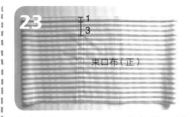

23

由上而下 1cm、3cm 處各畫一道記號線。

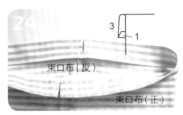

24

依記號線往內摺 1cm，再摺 3cm，熨燙定型。

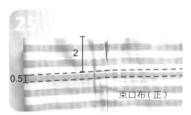

25

從正面由上而下 2cm、0.5cm 處各壓一道裝飾線。

袋身組合

26

束口布正面向外套入裡袋身內，上方疏縫一圈。

27

熨斗開中低溫將斜紋人字帶對摺以按壓的方式稍熨燙定型，修剪長度為 67.5cm。

28

人字帶頭尾先接縫成一圈，以珠針固定於袋口。

29

沿著人字帶邊 0.3cm 處車縫一圈。

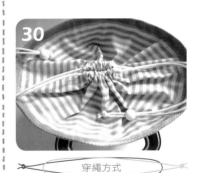

30

穿繩方式

利用穿繩器將蠟繩從束口布所留的孔洞穿入，繩尾穿入珠飾再打結。

完成。

17

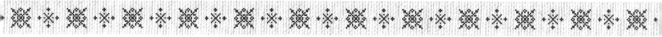

方塊熊面紙提包

寬 15× 高 11× 底寬 13 cm

Materials　紙型請外加縫份，數字已含 0.7cm 縫份 (紙型 … A 面 2)

部位	尺寸 (cm)	數量	燙襯
袋身表布 A	↕ 7 ×↔ 28	2	厚襯
袋身表布 B	↕ 36 ×↔ 28	1	厚襯
袋身裡布 (壓棉布)	↕ 46 ×↔ 28	1	
鼻子表布 (素色布)	直徑 6 圓形	2	厚襯 (直徑 5 圓形)
鼻子裡布 (素色布)	直徑 6 圓形	2	無膠棉 (直徑 6 圓形)
耳朵前表布	紙型 2-1	4	厚襯 (不含縫份)
耳朵後表布	紙型 2-1	4	無膠棉 (含縫份)
包邊布	↕ 4 ×↔ 15	2	

其他：3V 塑鋼拉鍊 25cm×1 條、1cm 塑膠四合釦 (黑色)×4 顆、鼻頭花布固定釦×2 顆、
購物紙袋提繩×2 條、1cm 雞眼釦 (內徑 0.6cm)×4 組

說明：亦可當面紙套，放入小包的抽取式衛生紙剛剛好！
欲回收的購物紙袋記得別把提繩丟掉，可多多利用！

Steps

袋身表布裝飾

1

耳朵前表布與後表布正面相對，
無膠棉疊在最下面。

共完成四個耳朵。

6

袋身表布 B 與表布 A 接縫，縫份
倒向 B，各壓一道 0.3cm 裝飾線。

2

沿著厚布襯的邊緣車縫前表布 (下
方不車)，針距調小一點，車出來
的弧度會較順。

5
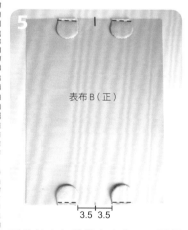

3.5　3.5

耳朵前表布與袋身表布 B 正面相
對，距中心點 3.5cm 疏縫固定。

7

鼻子表、裡布正面相對，無膠棉
疊在最下面，沿著厚布襯的邊緣
車縫表布一圈。

3

修剪多餘的棉，並將布的縫份修
剪剩約 0.3cm，翻回正面。

8

修剪多餘的棉，並將布的縫份修
剪剩約 0.3cm，無膠棉和裡布剪一
個十字返口，翻回正面。

9

3

鼻子

用布用雙面膠將鼻子固定於袋身表布 B 上，壓一圈 0.3cm 裝飾線。（起止點的上下線可留長一點，從反面打結）

10

3　3
1.5

標示眼睛和鼻頭的位置。

11

用錐子鑽洞，利用工具釘上釦子，回針縫嘴巴。

12

同做法完成另一邊。

3

袋身裡布（正）

袋身裡布使用已壓線的素棉麻布，四周須先疏縫，以防壓線鬆脫。

拉鍊

14

中心點

袋身表布與拉鍊正面相對，對齊中心點，疏縫固定。

裡布（反）

表布（正）

再疊上袋身裡布，與表布正面相對，上方車縫固定。

翻回正面壓一道 0.3cm 裝飾線，做法完成另一邊。

袋身組合

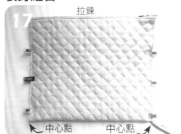

17

拉鍊

←中心點　　中心點↘

翻成袋身裡布正面在外，抓出左右兩側邊中心點做記號。

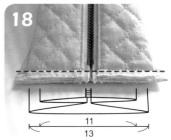

18

11
13

離中心點左右各 6.5cm 處摺山線，剩下的再對齊中心點平均對齊，如圖示摺疊車縫固定。

19

兩側縫份包邊，從拉鍊口翻回正面。

20

耳朵依紙型記號處用打洞器打洞，利用工具釘上雞眼釦。

21

穿上提繩即完成。

俏皮夾腳拖鞋包

寬 13× 高 19× 厚 2 cm

Materials 紙型及數字皆已含 0.7cm 縫份（紙型 … A 面 3）

部位	尺寸 (cm)	數量	燙襯
鞋面表布	紙型 3-1	1	厚襯
鞋底表布	紙型 3-2	1	厚襯
袋身裡布	紙型 3-1	正反各 1	薄膠棉
口袋布	紙型 3-3	正反各 2	薄襯
側身表布	↕ 15.5× ↔3	1	厚襯
側身裡布	↕ 15.5× ↔3	1	薄膠棉
夾腳布	↕ 30× ↔ 3.5	1	厚襯 ↕ 30× ↔2
皮片	紙型 3-4（實版）	1	
手提帶	↕ 30 × ↔ 3.5	1	厚襯 ↕ 30× ↔2

其他：5V 塑鋼拉鍊 35cm× 1 條、6mm 固定釦 ×5 組、1cm 問號鉤 ×1 個、2.5cmD 環 ×1 個、
寬 2.5cm 斜紋人字帶 ×30cm1 條、織帶或布標 ×1 片

說明：● 5V 的拉鍊布較寬，再加上組合拉鍊的縫份為 0.5cm，不但會讓車縫拉鍊時較好車，
還可以加寬袋身的厚度，可裝更多東西！
● 除了組合拉鍊與鞋面和鞋底時車縫的縫份為 0.5cm 外，其他縫份皆為 0.7cm。

Steps

袋身

左：皮片穿入 D 環依紙型位置釘
在鞋底表布上方。
右：鞋面表布下方可車上裝飾織
帶或布標。

將口袋布疏縫固定在袋身裡布上。

以布用雙面膠將夾腳布固定於人
字帶上（置中），夾腳布兩側各壓
0.2cm 裝飾線。

口袋布正反面各一片，正面相對
車縫上方，翻回正面壓 0.3cm 裝
飾線。

夾腳布

夾腳布燙上厚布襯（置中），將兩
側縫份摺入，先以布用口紅膠黏
固定。

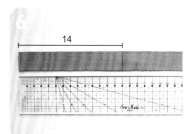

14

人字帶左側 14cm 處畫一道記號線
（此為人字帶對摺車縫處）。

鞋面表布（正）

鞋面表布依紙型標示畫上記號線，將人字帶對摺後，對準記號車縫固定（多來回車縫幾次加強固定）。

8

人字織帶離鞋面表布 1cm 處再車一道線。

兩端疏縫固定在紙型標示記號處（縫份 0.3cm）。

側身

拉鍊（正）　側身表布（正）

拉鍊頭尾布各留 1cm，其餘剪掉。側身表、裡布夾車拉鍊，再翻回正面壓 0.3cm 裝飾線。

11

側身表布（反）
側身裡布（正）

側身表、裡布再夾車拉鍊另一側，一樣翻回正面壓 0.3cm 裝飾線。

12

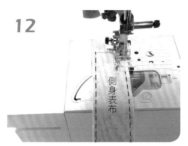

側身表布

疏縫固定側身布左右兩側的布邊。

13

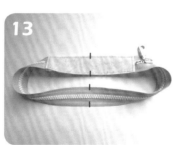

對齊兩邊的側身布與拉鍊接縫線，各別抓出拉鍊和側身布的中心點。

袋身組合

14

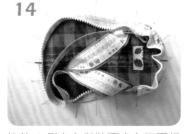

拉鍊＋側身布與鞋面表布正面相對，對齊上下中心點，以珠針固定，車縫一圈（縫份 0.5cm）。

15

鞋面表布與相對應的袋身裡布正面相對，以珠針固定。

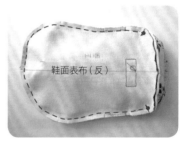

鞋面表布（反）

鞋面表布厚布襯朝上，照著第一道車縫線再車縫一次，下方留返口。

17

翻回正面將返口藏針縫合。

18

鞋底表布和側身表布正面相對，先對齊上下中心點，以珠針固定。

車縫一圈固定（縫份 0.5cm）。

鞋底表布與相對應的袋身裡布正面相對。

先以珠針固定右側（拉鍊頭拉到左側），鞋底表布厚布襯朝上，照著第一道車縫線再車縫一次，下方留返口。

22

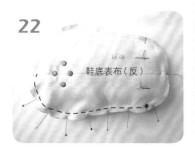

再以珠針固定左側（拉鍊頭拉到右側），照著第一道車縫線再車縫一次，下方留返口。

23

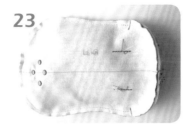

注意：這次鞋底表布的返口留大一點比較好翻回正面。

翻回正面將返口藏針縫合。

手提帶

手提帶表布燙上厚布襯（置中），穿入問號鉤。

26

頭尾先接縫成一圈，縫份打開燙平。

27

兩側縫份摺入，再對摺以珠針固定，壓一道 0.2cm 裝飾線。

28

利用工具釘上固定釦即完成。

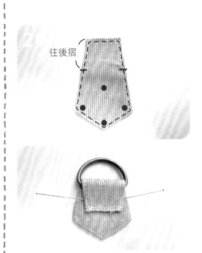

往後摺

若沒有皮片，也可依皮片紙型裁二片表布外加縫份（上方不加縫份），燙不含縫份的厚布襯，正面相對車縫（上方留返口不車），翻回正面壓 0.2cm 裝飾線即可。

完成。

防水早餐袋

寬 28 × 高 25 cm

Materials 數字已含 0.7cm 縫份 (紙型 … A 面 4)

部位	尺寸 (cm)	數量
防水表布 A	↕ 11 × ↔ 30	2
防水表布 B	↕ 52 × ↔ 30	1

其他：斜紋人字帶 30cm × 2 條（寬 2cm 或 2.5cm 皆可）

說明：利用防水布不會鬚邊的特性，做個簡易型的購物袋，可依自己的需求來加長或加寬尺寸喔！

其他尺寸參考：

水壺袋：表布 A ↕ 11 × ↔ 24，表布 B ↕ 65 × ↔ 24 (袋底往上摺 9cm)

大杯飲料袋：表布 A ↕ 11 × ↔ 21，表布 B ↕ 52 × ↔ 21 (袋底往上摺 7cm)

Steps

袋身

表布 A 用水性記號筆畫出中心線（防水布以水性筆畫記號線，之後用濕布即可擦淨）。

依記號線小心剪下。

3.5

橢圓布片貼上布用雙面膠，固定於表布 B 上方中心點由上而下 3.5cm 處。

表布 A 對摺，依紙型畫出半邊橢圓的記號線。

另一片表布 A 也剪下橢圓布片。

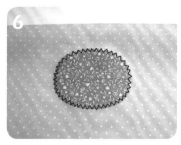

沿著橢圓布片邊緣車一圈密針縫裝飾線，同做法完成另一端橢圓布片的車縫。

7

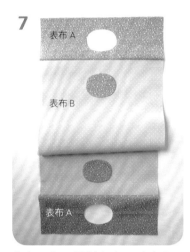

表布B上下兩側各與二片表布A
正面相對接縫。

提把

8

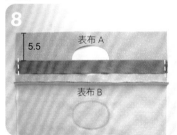

5.5

表布A

表布B

人字帶置於表布A反面，疏縫固
定人字帶兩側（縫份0.3cm）。

9

表布A（反）

1.5

表布B（反）

利用骨筆先將縫份打開，縫份再
倒向表布A，表布B由上而下（含
縫分）1.5cm處畫一道記號線，並
於記號線上緣黏上布用雙面膠。

1

表布A（正）

表布B（反）

表布A往下摺，對齊記號線，與
雙面膠黏緊。

翻回正面，於接縫線上下各壓一
道0.5cm裝飾線。

12

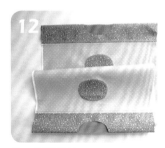

另一側同做法。

袋身組合

13

表布B（反）

袋身正面相對對摺，左右兩側車
縫縫份0.4cm。

14

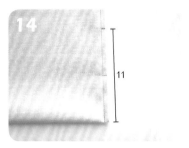

11

左右兩側由下而上11cm處作記
號。

15

T

下方往上摺至記號點，照著第一
道車縫線再車縫一次固定反摺處。

16

翻回正面，左右兩側再車縫縫份
0.7cm，完成。

17

放入物品，袋底即會撐開。

咖啡杯手提包

寬 16× 高 9.5× 底寬 5 cm

Materials　紙型請外加縫份，數字已含 0.7cm 縫份（紙型 … A 面 5）

部位	尺寸 (cm)	數量	燙襯
表布	紙型 5-1	1	厚襯
裡布	紙型 5-1	1	厚襯
杯子把手表布	↕ 13× ↔ 3	1	厚襯 ↕ 13× ↔ 1.5
杯子把手裡布	↕ 13× ↔ 3	1	厚襯 ↕ 13× ↔ 1.5

其他：3V 塑鋼拉鍊 15cm ×1 條

Steps

拉鍊

拉鍊取中心點做記號，起點的拉鍊布反摺，可先縫幾針固定。

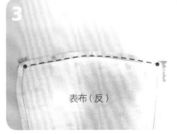

表裡布正面相對夾車拉鍊，依表布厚布襯記號線車縫。（前後留 0.7cm 縫份不車）

同做法完成另一邊拉鍊。

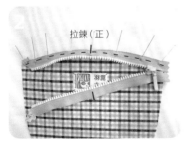

拉鍊反面與裡布正面相對，對齊中心點以珠針固定後，再疏縫固定拉鍊。

縫份倒向裡布，壓一道 0.3cm 裝飾線。（表布撥到另一側不壓線）

第二道裡布裝飾線較不好車，須耐心慢慢車完（表布不壓線）。遇拉鍊頭卡住時，請先將拉鍊頭拉過去再車。

把手

7 杯子把手表布 / 杯子把手裡布

杯子把手的表裡布各自置中熨燙厚布襯，表裡布正面相對先車縫一邊。

8

表裡布另一邊的縫份摺入，再對摺固定。

9 杯子把手表布

兩邊各壓一道 0.2cm 裝飾線。

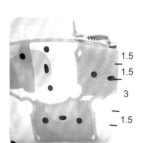

1.5
1.5
3
1.5

把手要固定在拉鍊起點那端，從上而下作記號點。

11

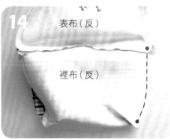

把手一正一反車縫固定在表布上。（不要車到裡布）

袋身組合

12

翻到袋子反面，表裡布各自車縫底角，依記號線車點到點，縫份不車。

13 表布（反） / 裡布（反）

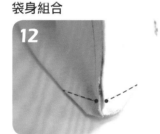

表布（反） / 裡布（反）

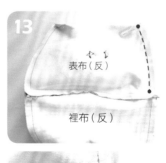

先車拉鍊尾的表布側邊，依記號線車點到點，縫份全倒向裡布，將拉鍊布撥開不要車到。

---

14 表布（反） / 裡布（反）

表布（反） / 裡布（反）

再車同 側的裡布側邊。

15

先翻回正面檢查看看有沒有車好，沒車好的話趁此時拆線重車。

16 表布（反） / 裡布（反）

再翻到反面車縫另一側邊，裡布留 5cm 的返口。

17

翻回正面將返口藏針縫合即完成。

甜美草莓提包

直徑 12× 高 10 cm

Materials　紙型請外加縫份，數字已含 0.7cm 縫份（紙型 … A 面 6）

部位	尺寸 (cm)	數量	燙襯
袋身表布	紙型 6-1	6	薄膠棉
袋身裡布	紙型 6-1	6	厚襯
葉片表布	紙型 6-2	6	
葉片裡布	紙型 6-2	6	
束口布	↕ 16× ↔ 20	2	
斜布條	45×4	1	

其他：夾式提把 (含金屬) 總長約 23cm×1 條、蠟繩 44cm×2 條、繩結珠飾 ×2 顆

Steps

袋身製作

1

袋身裡布二片正面相對，依記號線先車縫一側邊。（上方含縫份車，下方尖端處縫份不車）

4

同做法共完成二份三片袋身裡布的接縫。

7

袋身表布組合做法與裡布相同完成表袋身，但因為表布有燙薄膠棉，所以縫份都要攤開捲針縫。

2

縫份打開攤平。（可利用骨筆或指甲將縫份刮開）

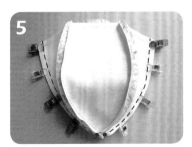

5

將二份袋身裡布正面將對，接縫左右兩側，一樣都是上方含縫份車，下方尖端處縫份不車。

8

裡布（正）
表布（正）

裡袋身套入表袋身內，反面相對，上方疏縫一圈。

3

袋身裡布（正）　袋身裡布（反）

再接縫一片裡布側邊，一樣都是上方含縫份車，下方尖端處縫份不車，再把縫份打開攤平。

6

縫份打開攤平，完成裡袋身。

裝飾葉片

9

葉片表布（反）

葉片表裡布正面相對車縫，利用鋸齒剪刀剪牙口。

10

翻回正面，利用工具伸入內裡整順弧度，並戳出尖端。

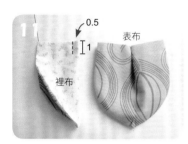
11

0.5
表布
裡布
1

葉片對摺，裡布離上方中心點0.5cm處畫1cm的記號線，並依記號線車縫，共完成六葉片。

12

葉片中心線對齊表袋身接縫線，疏縫固定六葉片。

束口布

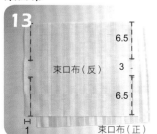
13

6.5
束口布（反）
3
6.5
1
束口布（正）

束口布反面的左右兩側畫上縫份1cm記號線，與另一片束口布正面相對車縫，上下各車6.5cm，中間空3cm不車，縫份燙開攤平。

14

束口布（正）

接縫成一圈的束口布對摺，以珠針固定，對摺處壓一道1.5cm裝飾線。

袋身組合

15

束口布（正）

束口布套入裡袋身內，上方疏縫一圈。

16

斜布條（反）

斜布條以滾邊器摺燙，修剪長度為39.5cm，頭尾先接縫成一圈，再將袋口包邊。

17

穿繩方式

利用穿繩器將蠟繩從束口布所留的孔洞穿入。

18

繩尾穿入珠飾再打結。

19

夾上提把。

完成。

愛瑪娃兒零錢包

直徑 12 cm

Materials　紙型縫份請外加，數字已含 0.7cm 縫份（紙型 … A 面 7）

部位	尺寸 (cm)	數量	燙襯
表布	約 ↕ 15 × ↔ 23	1	薄襯
膚色布	約 ↕ 9 × ↔ 10	1	
圓形裡布	紙型 7-1	1	厚襯
拉鍊口袋布 (上)	↕ 4 × ↔ 12.5	表裡各 1	表厚裡薄
拉鍊口袋布 (下)	↕ 9 × ↔ 15	表裡各 1	表厚裡薄
無膠棉	直徑 14cm 圓形	1	
斜布條	40 × 4	1	
拉鍊擋布	↕ 2.5 × ↔ 3	1	厚襯

其他：3V 塑鋼拉鍊 7.5cm × 1 條

Steps

前片

1

將紙型貼在厚紙板上剪下圓，用美工刀割下臉的輪廓。

2

利用燈箱以水消筆描繪臉的輪廓、五官在膚色布上，修剪布的縫份剩約 1cm。（亦可使用布用複寫紙，直接將紙型圖案繪於布上）

3

用壓克力顏料或布用水彩上色，待顏料全乾後，布翻到背面熨燙約十秒左右定色。

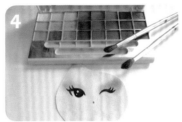

4

可使用彩妝品幫娃兒上眼影腮紅。

5

表布依紙型外加約 1cm 縫份，剪下直徑 12cm 圓形和臉的輪廓各 1 片。

6

二片布正面相對，對好位置以珠針固定，依臉的輪廓車縫一圈，內側縫份修剪剩約 0.5cm，並剪牙口。

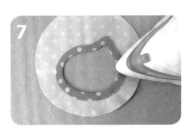

7

縫份翻到背面去，整燙定型。

8

膚色布的邊緣貼上布用雙面膠，蓋上整燙好的表布，於表布邊緣壓一圈 0.2cm 裝飾線。

9

起止點的上下線可留長一點，從反面打結。

下面鋪一層無膠棉，沿著膚色布的邊緣，連同無膠棉手縫壓線一圈。

再重新描繪一次紙型，修剪掉紙型以外的布。

燙厚布襯的圓形裡布與完成的表布反面相對，疏縫一圈備用。

後片

拉鍊擋布長邊摺 0.7cm 縫份，以布用雙面膠黏在拉鍊止點後。

拉鍊擋布壓線固定，再將拉鍊起點的拉鍊布反摺，先縫幾針固定。

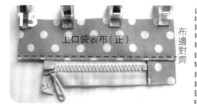

拉鍊頭朝左，上方口袋表裡布對齊拉鍊擋布邊，夾車拉鍊，翻回正面壓一道 0.3cm 裝飾線。

拉鍊口袋的下方表裡布對齊拉鍊擋布邊，夾車拉鍊，翻回正面壓一道 0.3cm 裝飾線。

拉鍊左側如圖 0.5cm、1cm 處標示記號點。

0.5cm 處摺山線，壓一道 0.2cm 裝飾線固定，1cm 處再摺谷線，熨燙定型。

組合

口袋布四周布邊先疏縫一圈，再與零錢包前片相疊，正面朝外疏縫一圈固定。

注意：拉鍊頭與拉鍊止點距離布邊至少 1cm，修剪掉多餘的布。

斜布條以滾邊器熨燙，修剪長度為 36cm，頭尾接縫成一圈，以珠針固定於口袋表布，車縫一圈。

換上拉鍊壓布腳會比較好車縫。

翻面將斜布條縫份摺入以珠針固定（須蓋過上一步驟的車縫線）。

再翻回口袋那面，沿著包邊布的布邊車縫口袋表布一圈即完成。

雙層手提小包

寬 15× 高 9× 厚 2.5 cm

Materials　紙型請外加縫份，數字已含 0.7cm 縫份（紙型…A 面 8）

部位	尺寸 (cm)	數量	燙襯
袋身表布 A	紙型 8-1	1	厚襯
袋身表布 B	紙型 8-2	1	厚襯
袋身裡布	紙型 8-3	1	薄襯
零錢袋蓋表布	紙型 8-4	1	厚襯 (不含縫份)
零錢袋蓋裡布	紙型 8-4	1	
零錢口袋布	↕ 15× ↔ 15	1	
中間隔層	↕ 14× ↔ 14	1	厚襯
外側隔層	↕ 22× ↔ 14	1	薄襯

其他：1cm 織帶 16cm×1 條、1cm 塑膠四合釦 × 1 組、金屬書包釦 ×1 組

説明：袋身裡布若要握感舒服一點，可燙薄膠棉或直接使用壓棉布

Steps

零錢口袋

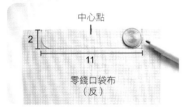

零錢口袋布反面上方抓出中心點，畫 2×11cm 的記號線，兩個直角利用一元硬幣修弧度。

零錢袋蓋表裡布正面相對，沿著厚布襯的邊緣車縫表布，修剪縫份剩 0.5cm。

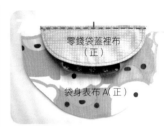

疊上零錢袋蓋正面相對，上方疏縫固定。

袋身表布 B 與零錢口袋布正面相對，對齊中心點，依記號線車縫。

5

翻回正面整燙，壓 0.3cm 裝飾線。

8

袋身表布 B 反面朝上，零錢口袋布下方往上對摺，對齊上緣疏縫固定。

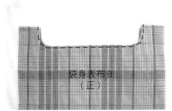

縫份修剪剩 0.5cm，圓弧處剪牙口，翻回正面整燙，壓一道 0.3cm 裝飾線。

6
3　3
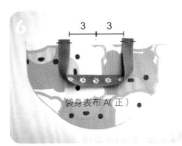

織帶與袋身表布 A 正面相對，疏縫固定於離中心點左右各 3cm 處。

9

袋身表布 AB 二片正面相對接縫。

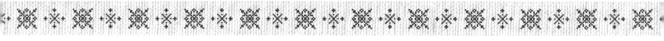

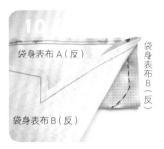

翻開袋身表布，車縫零錢口袋布左右兩側，並修剪多餘縫份。

翻回正面整燙，壓一道 0.3cm 裝飾線。

袋身表裡布接縫的末端尖處往上摺。

袋身表布接縫的縫份倒向 A，連同織帶壓一道 0.3cm 裝飾線，織帶處多回幾針加強固定。

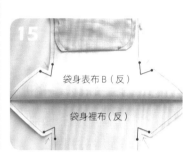

袋身表裡布各別車縫底角，依記號線車點對點，縫份不車。

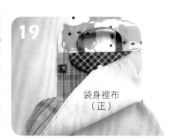

對齊袋身表布 AB 接縫的布邊，以珠針固定。

零錢口袋釘上塑膠四合釦。

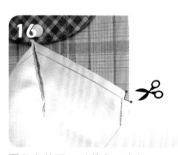

圖示處剪牙口（共有四處）。

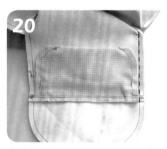

袋身表布反面朝上，如圖車縫固定。

袋身組合

袋身表裡布正面相對，車縫下方，兩個角剪牙口。

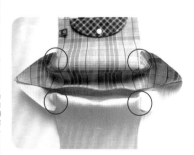

完成四個底角的車縫。

另一側同做法。

內袋隔層

22

袋身裡布
（反）

袋身裡布往上摺，表裡布對齊以珠針固定。

23

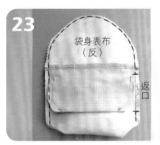

袋身表布
（反）

返口

翻到袋身表布反面朝上，依記號線車縫固定，上方圓弧處利用鋸齒剪刀剪牙口，再翻回正面將返口藏針縫合。

24

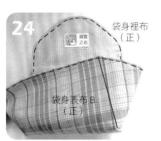

袋身裡布
（正）

袋身表布 B
（正）

袋身表布 A 與袋蓋處整燙後，壓0.3cm 裝飾線。袋身表布 B 前方左右兩側對齊上下角畫記號線。

2?

依記號摺山線，左右兩側各車一道 0.2cm 裝飾線。

26

中間隔層布
（正）

中間隔層布對摺，壓 0.3cm 裝飾線。

27

外側隔層布

0.5

外側隔層布左右往中心摺，中間留 0.5cm，兩側各壓 0.3cm 裝飾線。

28

中間隔層布

外側隔層布

中間隔層布夾於外側隔層布內，下方車縫 0.5cm 固定住三層布。

29

側袋身往外拉，抓出中心線。

30

套進隔層布利用強力夾夾住，壓一道 0.5cm 裝飾線，另一側同做法完成。

裝上書包鈕。

32

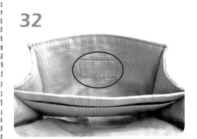

袋內外露的金屬，為了美觀及預防刮傷物品，請藏針縫上一片布片（燙不含縫份的厚布襯）。

33

完成。

Preface

　　4 年前，因為公司面臨大環境的變遷及競爭趨勢問題，公司選擇了將生產部門外移，這對多年來一直埋首工作，只想安穩做到退休的我，也面臨到資遣轉業的問題。就在等待就業這段期間買了一台縫紉機，也因此上了幾堂拼布手作課程，就這樣玩出興趣，也開啟我的手作之路。

　　這次書上發表了 8 件作品，每一件作品都是自己挖空心思、熬夜加失眠完成的作品，雖然還是有不完美的地方，但衷心希望設計作品你們都會喜歡，也期待獲得大家的共鳴。

　　手作路上有很多不為人知的辛苦談，但目前的我還是會努力朝著擁有自己的工作室及個人品牌這個夢想慢慢前進，在此要感謝出版社及編輯給了我這次出版合輯書的機會，當然，更要感謝我親愛的家人及朋友給我不斷的支持及鼓勵，謝謝大家!!!

王純如 · 雙魚媽

PART 2 雙魚媽

註：所有包款內袋的拉鍊口袋，及開放式口袋尺寸皆可依個人需求剪裁製作。

工作經歷：黛安芬國際股份有限公司
　　　　　生產部 品管檢驗人員和針車操作人員 17 年
　　　　　家庭主婦
手作經歷：自學 4 年
部 落 格：雙魚媽的手作生活
　　　　　tw.myblog.yahoo.com/tstine_a6402/

No.9

轉釦造型三層包

How to Make P.59

用美麗的圖案布將小方包包覆起來，
再將轉鎖設計在上方，
簡單的包款瞬間變身為珠寶盒般的三層包，
設計感十足！

No.10
繁花輕便手提袋
How to Make P.49

以百搭的帆布配上色彩豐富的小碎花，
強烈對比加上簡約俐落的造型，不管
是手提或是掛在手腕上，都十分亮眼！

No.11
學院風迷你書包

How to Make P.56

不退流行的經典書包款式，
即使做成可愛的迷你版，依然魅力十足。
簡單的圓點搭上圖案布，
流露出清新自然的氣質。

No.12
航海風摺疊手拿包
How to Make P.46

摺疊式袋口的設計頗具巧思，
前方袋蓋下的拉鍊口袋讓你方便拿取小物，
不管手拿或肩背都很實用。

No.13
復古大方手提包
How to Make P.54

復刻花布搭配率性的帆布，
簡單大方卻實用性十足，
利用袋口設計將前方拉鍊口袋隱藏起來，
既隱密又安全。

No.14
仿皮皺褶小包
How to Make P.52

低調內斂的仿皮布，利用簡單的抓皺設計，
讓整體包型更顯雅緻，搭配繽紛亮眼的花布，
既時尚又有品味。

No.15
天使熊信封造型包
How to Make　P.48

可愛的天使熊躍上信封造型的提包，
為你捎來幸運的信息……

No.16
簡單帆布小包
How to Make P.44

簡單的袋型搭配一體成形的小口袋，
是初學者就能輕鬆完成的包款。
素色帆布搭配上色彩豐富的復刻布，
輕輕鬆鬆創造出屬於自己風格！

簡單帆布小包

寬 18× 高 15× 底寬 3 cm

Materials 紙型及數字皆已含 0.7cm 縫份，固定線 0.2~0.3cm 裝飾線 0.2~0.5cm（紙型…A 面 16）

部位	尺寸 (cm)	數量	燙襯
袋身表布（帆布）	紙型 16-1	2	
袋身裡布	紙型 16-1	2	厚襯或薄襯
外口袋布	紙型 16-2	1	厚襯或薄襯（只燙一半）
裡布口袋 A 上片	↕ 6× ↔ 16	1	
裡布口袋 A 下片	↕ 18× ↔ 16	1	
裡布口袋 B 上片	↕ 6× ↔ 12	1	
裡布口袋 B 下片	↕ 18× ↔ 12	1	
D 環掛耳布（帆布）	↕ 5× ↔ 5	1	
提把布（帆布）	↕ 5× ↔ 30	1	

其他：拉鍊 18cm×1 條、1cm 問號鉤 ×1 個、1cmD 型環 ×1 個、布標 ×1 片、寬 3cm 魔鬼氈少許

Steps

表布 & 外口袋

依紙型裁切外口袋，一半燙上薄襯或厚襯。

背面相對對摺，摺線車縫一道裝飾線，再如圖車縫另一片魔鬼氈（從中心底部往上 1cm）。

翻回正面整燙，返口用藏針縫縫合，袋蓋壓縫裝飾線，完成外口袋。

燙襯的口袋布那端，從正面中心底部往上 2cm，車縫布標。

將未燙襯的口袋布那端如圖摺疊，依紙型標示對齊記號位置。

外口袋如圖車縫 ∪ 型，固定在表布上，注意不要車到袋蓋。

沒燙襯的口袋布那端，從正面中心底部往上 1.5cm，車縫魔鬼氈。

如圖口袋布正面相對，對摺車縫並留返口，彎處剪牙口。

以四摺法製作掛耳布，兩邊車縫固定。

10

2.5

套上 D 環並固定在表布左側邊上方往下 2.5cm 的位置，完成表布。

內裡 & 口袋

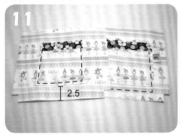

11

2.5

參考 P.117 完成 A、B 兩組內裡口袋，將內口袋固定在裡布上（從中心底部往上 2.5cm）。

表布裡布結合

12

裡布（反）

將拉鍊放置內裡上方，與表布正面相對，使用拉鍊壓布腳車縫。

13

表布　　裡布

縫份倒向表布車縫壓線，裡布不車。

14

另一邊拉鍊同樣車法，完成拉鍊車縫。

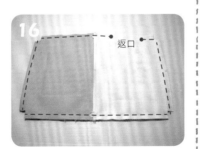

15

表布（反）　　裡布（反）

表裡布各自正面相對齊，用強力夾固定。

16

返口

先車縫表布及裡布的底邊，再車縫側邊，裡布側邊留返口。

17

車縫四個底角。

翻回正面整燙，返口用藏針縫縫合

參考 P.118 製作提把，完成。

航海風摺疊手拿包

寬 24 × 高 19 × 底寬 10 cm

Materials　紙型及數字皆已含 0.7cm 縫份，固定線 0.2~0.3cm 裝飾線 0.2~0.5cm（紙型 … A 面 12）

部位	尺寸(cm)	數量	燙襯
前表布	紙型 12-1	1	厚襯
後表布上片	↕ 15 × ↔ 24	1	厚襯
後表布下片	紙型 12-2	1	厚襯
袋底表布	紙型 12-3	1	厚襯
裡布	紙型 12-1	2	厚襯或薄襯
袋底裡布	紙型 12-3	1	厚襯或薄襯
外拉鍊口袋布	↕ 26 × ↔ 20	1	厚襯或薄襯
內拉鍊口袋布	↕ 40 × ↔ 20	1	厚襯或薄襯

其他：拉鍊 20cm × 1 條、拉鍊 15.5cm × 2 條、2.5cm 織帶 × 3 尺、2.5cm 問號鉤 × 2 個、
　　　2.5cmD 型環 × 2 個、2.5cm 日型環 × 1 個

Steps

表布

1 3 ⌐ ⌐ 3　後表布下片

裁長度 5cm 的織帶二條，套進 D
型環，固定在後表布下片的上方。

2 後表布上片　後表布下片

和後表布上片正面相對車合，縫
份倒向上片，車縫裝飾線，織帶
的位置再車縫固定一道。

3

完成後，以紙型 12-1 對照尺寸，
將多餘的縫份裁切掉。

4 15.5　前表布

參考 P.117 於前表布製作一字拉鍊
口袋。（拉鍊高度為表布上方往下
15.5cm）。

裡布

5 裡布（反）

裡布燙襯時注意襯上方縫份不燙。

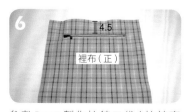
6 4.5　裡布（正）

參考 P.117 製作拉鍊口袋（拉鍊高
度為裡布上方往下 4.5cm）。

表裡袋身結合

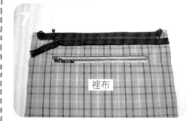
7 裡布

將拉鍊置於裡布上方，與表布正
面相對車縫。

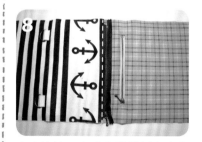
8

夾車拉鍊，完成後縫份倒向表布
攤開壓線，注意裡布不車。

9

另一側同樣做法，完成拉鍊車縫。

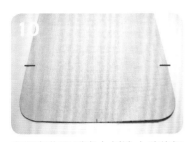

10

表裡布依紙型畫上側邊止點的記號。

繼續車縫另一邊，完成表裡袋底的車縫。

18

穿入日型環。

11

返口

表布（反）   裡布（反）

表裡布各自正面相對，從表布記號點開始車縫至裡布記號點，裡布一側要留返口。

15

轉彎處剪牙口，再從返口翻回正面整燙。

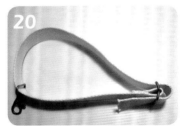

19

收邊車縫固定。

12

表布（反）

袋底布（正）

袋底布畫出中心點，袋底布在下表布在上正面相對，對齊中心點，自中心開始車縫。

16

返口用藏針縫縫合，袋口摺下約11cm，用熨斗燙或使用強力夾幫助定型。

20

另一邊織帶頭套入日型環。

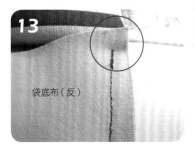

13

袋底布（反）

車縫時注意不要車到其他布，對齊慢慢車縫到側邊止點。

提帶

17

裁織帶70~80cm（可依個人需要的尺寸），套入問號鉤。

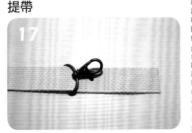

21

穿入問號鉤收邊車縫固定，完成提帶。

完成。

天使熊信封造型包

寬 24× 高 12 cm

Materials 紙型及數字皆已含 0.7cm 縫份，固定線 0.2~0.3cm 裝飾線 0.2~0.5cm (紙型 … A 面 15)

部位	尺寸 (cm)	數量	燙襯
表布	紙型 15-1	1	厚襯
裡布	紙型 15-1	1	厚襯或薄襯
拉鍊口袋布	↕ 11× ↔ 24	2	薄襯
提把布	↕ 5× ↔ 28	1	

其他：拉鍊 20cm×1 條、1cm 問號鉤 ×1 個、磁釦 ×1 組

Steps

表、裡布

1 在表布反面畫上磁釦記號，裝入磁釦凹面。

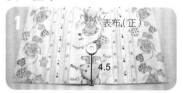

2 在裡布反面畫上磁釦記號，裝入磁釦凸面。

拉鍊口袋

3 拉鍊口袋布燙襯，注意除了底部外其餘三側襯不留縫份。

4 將拉鍊放置於口袋布上方，與表布正面相對，用拉鍊壓布腳車縫。

5
再翻回正面整燙壓線固定。

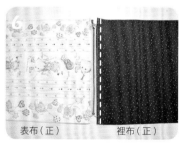

6 另一邊則是口袋布和裡布夾車拉鍊。

7 車縫拉鍊口袋底部（左右不車）。

表裡布組合

8 裡布兩側依紙型畫上記號。

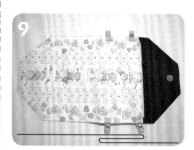

9 將表布如圖摺疊，拉鍊對齊記號位置，兩側用強力夾固定。

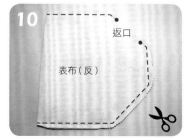

10 表布對摺，與裡布正面相對車縫一圈，修剪牙口。

11 從返口翻回正面整燙，藏針縫縫合返口，袋蓋車縫裝飾線。

12 可參考 P.117 做法製作提把，扣在拉鍊頭上。

繁花輕便手提袋

寬 24 × 高 26 cm

Materials 紙型及數字皆已含 0.7cm 縫份，固定線 0.2~0.3cm 裝飾線 0.2~0.5cm (紙型 … A 面 10)

部位	尺寸 (cm)	數量	燙襯
中間表布	↕ 27 × ↔ 8	2	厚襯
側邊表布 (帆布)	↕ 27 × ↔ 11	4	
裡布上片	↕ 11.5 × ↔ 24	2	厚襯或薄襯
裡布下片	↕ 16 × ↔ 24	2	厚襯或薄襯
中間提把布	↕ 10 × ↔ 8	2	
側邊提把布 (帆布)	↕ 10 × ↔ 16	2	
D 環掛耳布	↕ 8 × ↔ 10	1	
裡布口袋上片	↕ 6 × ↔ 16.5	1	
裡布口袋下片	↕ 20 × ↔ 16.5	1	
拉鍊口袋布	↕ 25 × ↔ 16	1	厚襯或薄襯

其他：拉鍊 13cm×1 條、磁釦 ×1 組、2.5cmD 型環 ×1 個

Steps

表布

中間表布與側邊表布結合，縫份倒向側邊車縫裝飾線。

表布(反)

依紙型裁剪表布，袋底畫上褶縫記號。

車縫下方截角，完成二片表布。

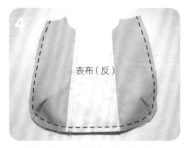

4

表布（反）

二片表布正面相對，車縫 U 形。

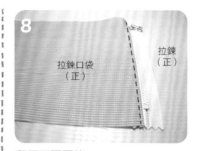

8

拉鍊口袋
（正）

拉鍊
（正）

翻回正面壓線。

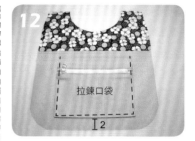

12

拉鍊口袋

2

將口袋車縫固定在裡布上（底中心
往上 2cm）。

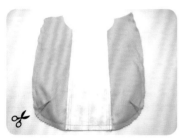

袋底剪牙口，翻回正面完成表袋
身。

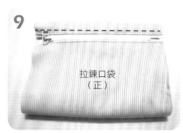

9

拉鍊口袋
（正）

以相同做法車縫另一側拉鍊。

D 環掛耳布對摺後車縫，再套入 D
型環車縫固定。

裡布

裡布（正）

取一組裡布上下片接合，縫份燙
開車縫裝飾線，再依紙型裁剪。

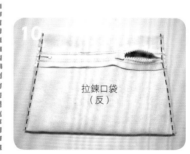

10

拉鍊口袋
（反）

調整拉鍊位置，車縫左右側邊（縫
份 0.5cm）。

14

裡布上片

D 型環掛耳布置於另一片裡布上
片底中央處固定。

拉鍊（反）

拉鍊口袋布
（正）

拉鍊口袋布與拉鍊正面相對，車
縫上方。

翻回正面整燙，上方車縫裝飾線。

15

裡布下片

和裡布下片車合固定，縫份燙開
車縫裝飾線，再依紙型裁剪。

二片裡布於中心往下 2cm 安裝磁釦。

車縫裡布的袋底截角。

二片裡布正面相對，車縫 U 形，袋底剪牙口。

表裡袋身結合

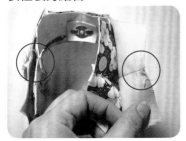

先將表布和裡布的側邊縫份用熨斗燙開，壓線固定。

表布和裡布正面相對套入，先車縫中間，手把部分不車。

剪牙口，從手把位置慢慢翻回正面。

整燙後袋口車縫一圈裝飾線。

提把

提把布車縫成一圈，縫份燙開。

對摺二次。

找出提把側邊的中心點，先和袋身側邊中心點用強力夾固定。

車縫裝飾線固定提把。

完成。

仿皮皺褶小包

寬 24× 高 18.5 cm

Materials 紙型及數字皆已含 0.7cm 縫份，固定線 0.2~0.3cm 裝飾線 0.2~0.5cm（紙型 … A 面 14）

部位	尺寸 (cm)	數量	燙襯
表布上片 (仿皮布)	↕ 6× ↔ 23.5	2	
表布下片 A(仿皮布)	紙型 14-1	左右各 2 片	
表布下片 B	↕ 18× ↔ 6	2	厚襯
裡布	紙型 14-2	2	厚襯或薄襯
拉鍊口袋布	↕ 25× ↔ 20	1	厚襯或薄襯
裡布口袋上片	↕ 6× ↔ 15	1	
裡布口袋下片	↕ 20× ↔ 15	1	
提把布	↕ 6× ↔ 28	1	

其他：拉鍊 20cm×1 條、15.5cm×1 條

Steps

表布

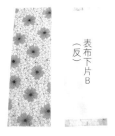

表布下片 B 燙襯，襯上下不加縫份。

和表布上片正面相對車縫。

依紙型標示，表布下片 B 從上下往中間摺，車縫固定。

組合表布下片 A、B，縫份倒向左右仿皮布，使用皮革壓布腳車縫裝飾線。

車縫時注意打摺處要如圖抓好。

完成二片表布。

3
表布下片 B 上方左右各往中心點摺約 1cm，車縫固定。

6
翻回正面，縫份倒向上片，使用皮革壓布腳車縫裝飾線。

裡布

參考 P.117 製作口袋固定在裡布。

4.5

另一片裡布參考 P.117 製作拉鍊口袋。

表裡袋身結合

表布（反）

將拉鍊置於裡布上方，與表布正面相對，使用拉鍊壓布腳夾車拉鍊。

完成後縫份倒向表布用皮革壓布腳壓線，注意裡布不車。

13

另一側同樣做法，完成拉鍊車縫。

14

表裡布各自正面相對，對齊後用強力夾固定（打褶處抓好）。

15

返口

車縫一圈，裡布側邊留一返口。

16

彎處剪牙口，翻回正面，藏針縫合返口。

17

將提把布兩次對摺燙好，套入拉鍊頭。

18

兩邊短邊正面相對車縫。

19

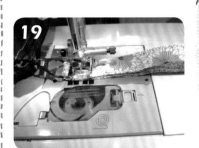

提把布摺好，車縫兩側，再對半靠近拉鍊頭的地方車縫一道固定。

20

完成提把。

復古大方手提包

寬 20.5× 高 20× 底寬 12 cm

Materials 紙型及數字皆已含 0.7cm 縫份，固定線 0.2~0.3cm 裝飾線 0.2~0.5cm (紙型 … A 面 13)

部位	尺寸 (cm)	數量	燙襯
袋蓋表布	↕ 15× ↔ 27.5	2	厚襯 (一半)
表布	↕ 20× ↔ 27.5	2	厚襯
袋底表布	紙型 13-1	1	厚襯
拉鍊口袋布	↕ 30× ↔ 22.5	表裡各 1	厚襯或薄襯
提把布	↕ 7.5× ↔ 30	2	
裡布	↕ 19.5× ↔ 27.5	2	厚襯或薄襯 (上方不含縫份)
袋底裡布	紙型 13-1	1	厚襯或薄襯
裡布口袋上片	↕ 6× ↔ 22	1	
裡布口袋下片	↕ 20× ↔ 22	1	
拉鍊口袋布	↕ 30× ↔ 22.5	1	厚襯或薄襯

其他：拉鍊 18cm×1 條、磁釦 ×1 組、2.5cm 織帶 ×65cm

Steps

提把及表布袋蓋

1

提把布正面相對對摺車縫，縫份居中燙開。

2

用返裡針翻回正面，穿入織帶。

3

頭尾縫份內摺，車縫固定。

4

頭尾 5cm 不車，中間摺半車縫固定，完成二條提把。

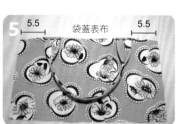

5 5.5 袋蓋表布 5.5

提把固定在袋蓋表布上方，共製作二片。

6 袋蓋表布(反)

袋蓋布正面相對，先車縫 1 邊側邊，再將縫份燙開，正面車縫裝飾線。

7

另一邊相同步驟車縫。

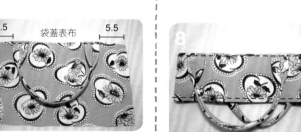

8

袋蓋布反面相對摺一半，車縫上下固定線及裝飾線。

表布及袋蓋

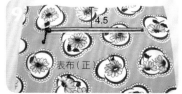

9 4.5 表布(正

取一片表布，參考 P.117 製作拉鍊口袋。

10

表布（反）

將二片表布正面相對，先車縫一側邊。

11

縫份燙開，正面車縫裝飾線。

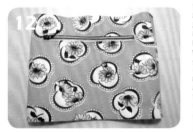

12

車縫完再車縫另外一邊。

13

袋蓋表布

將袋蓋套在表布的上方，上方車縫一圈固定線。

裡布

14

1.5

裡布（反）

二片裡布上方中央下來 1.5cm 畫上磁釦記號。

15

5.5

取一裡布，參考 P.117 製作拉鍊口袋（中央往下 5.5cm）。

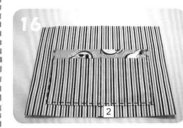

16

2

參考 P.117 製作開放式口袋，固定在另一片裡布底中心往上 2cm 處，車一道分隔線。

17

返口

裡布（反）

二片裡布正面相對，先車縫一邊。

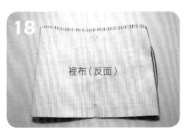

18

裡布（反面）

縫份燙開，正面車縫裝飾線，再車縫另外一邊。

袋身組合

19

表裡袋身正面相對車縫上方。

20

表袋身（反）   裡袋身（反）

將表裡袋身分開，裡布裝入磁釦。

21

表裡袋身分別與袋底布正面相對，中心點對齊車縫。

22

剪牙口，從返口翻回正面整燙，返口用藏針縫縫合。

23

將布翻到裡布那一面，車縫裝飾線。

24

翻回正面，將袋蓋摺下，完成。

學院風迷你書包

寬 15× 高 9× 厚 2.5 cm

Materials   紙型及數字皆已含 0.7cm 縫份，固定線 0.2~0.3cm 裝飾線 0.2~0.5cm（紙型 … A 面 11）

部位	尺寸 (cm)	數量	燙襯
前表布中片	↕ 17× ↔ 11.5	1	厚襯
前表布側片	↕ 17× ↔ 6	2	厚襯
外口袋表布	↕ 15× ↔ 11.5	1	
側表布	紙型 11-3	1	厚襯
前袋蓋中片	↕ 19× ↔ 11.5	1	厚襯
前袋蓋側片	↕ 19× ↔ 5.5	2	厚襯
後表布上片	↕ 4× ↔ 20	1	厚襯
後表布下片	↕ 15× ↔ 20	1	厚襯
裡布	紙型 11-1	2	厚襯或薄襯
側裡布	紙型 11-3	1	厚襯或薄襯
袋蓋裡布	紙型 11-2	1	厚襯或薄襯（上方不含縫份）
外口袋裡布	↕ 13× ↔ 11.5	1	
裡布口袋上片	↕ 6× ↔ 17	1	
裡布口袋下片	↕ 20× ↔ 17	1	
拉鍊口袋布	↕ 26× ↔ 17.5	1	厚襯或薄襯
提把布	↕ 7.5× ↔ 18	1	

其他：拉鍊 13cm×1 條、磁釦 ×2 組、2.5cm 織帶 ×20cm

Steps

表布

外口袋表裡布上下結合。

反面相對，摺半車縫固定。

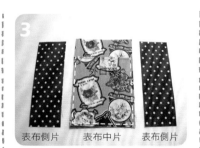

表布側片　　表布中片　　表布側片

將口袋固定在表布中片下方，再和表布側片左右結合車縫。

縫份倒向側邊，車縫裝飾線，依紙型 11-1 裁剪。

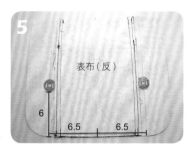

表布（反）

6　　6.5　　6.5

從下方中心點左右 6.5cm 各畫一直線，由下往上 6cm，畫上磁釦位置。

裝入磁釦。

袋蓋

7

提把布對半車縫,縫份燙開。

8

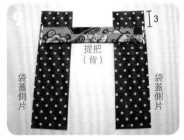

翻回正面穿入織帶,車縫一圈固定線。

9

提把
(背)

袋蓋側片

袋蓋側片

3

提把背面朝上,如圖固定於二片袋蓋側片。

10

袋蓋中片
(反)

和袋蓋中片正面相對,車縫固定。

11

縫份倒向側片,車縫裝飾線,依紙型 11-2 裁剪。

12

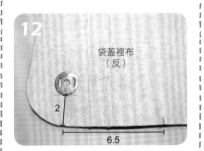

袋蓋裡布
(反)

2

6.5

袋蓋裡布畫上磁釦位置。

13

袋蓋裡布
(反)

袋蓋表裡布正面相對車縫,轉彎處剪牙口。

翻回正面整燙,車縫裝飾線。

15

袋蓋裡布(正)

裝入磁釦。

16

手把的位置再車縫一道固定線。

17

袋蓋上方疏縫固定。

18

將袋蓋固定在後片表布上片正面(中心點對齊)。

如圖和後片表布下片正面相對，車合固定。

兩邊車縫完成，剪牙口，翻回正面。

表、裡袋身接合

表布和裡布正面相對，袋口車縫一圈。

縫份倒向下片，車縫裝飾線。

24

取一片裡布，參考 P.117 製作一字拉鍊口袋（中央往下 4.5cm）。

翻回正面，返口用藏針縫縫合，整燙後袋口車縫一圈裝飾線。

21

依紙型 11-1 裁剪後片表布。

25

參考 P.117 製作口袋，固定在另一片裡布底中心往上 2cm。

29

完成。

袋身組合

22

表布與表側身正面相對車縫。

二片裡布和裡側身正面相對車縫。

轉鈕造型三層包

寬 22× 高 16× 底寬 6.5 cm

Materials 紙型及數字皆已含 0.7cm 縫份，固定線 0.2~0.3cm 裝飾線 0.2~0.5cm (紙型 … A 面 9)

部位	尺寸 (cm)	數量	燙襯
外口袋表布	紙型 9-1	2	厚襯
表布	紙型 9-2	2	厚襯
拉鍊口布表布	↕ 4.5× ↔ 28	2	厚襯
側邊表布	↕ 8× ↔ 40	1	厚襯
外口袋裡布	紙型 9-1	2	薄襯或不燙
裡布	紙型 9-2	2	厚襯或薄襯
拉鍊口布裡布	↕ 4.5× ↔ 28	2	厚襯或薄襯 (不含縫份)
側邊裡布	↕ 8× ↔ 40	1	厚襯或薄襯 (不含縫份)
側環布	↕ 7× ↔ 8	4	
裡布口袋上片	↕ 6× ↔ 15	1	
裡布口袋下片	↕ 17× ↔ 15	1	
拉鍊口袋布	↕ 23× ↔ 17.5	1	厚襯或薄襯
包邊布 (斜布條)	↕ 4× ↔ 160	1	
提把布	↕ 8× ↔ 30	1	
斜背帶布	↕ 7.5× ↔ 150	1	可依個人需求

其他：拉鍊 25cm×1 條、拉鍊 13cm×1 條、轉鈕 ×1 組、2.5cmD 型環 ×2 個、2.5cm 日型環 ×1 個、
　　　2.5cm 問號鉤 ×2 個、2cm 問號鉤 ×1 個、外徑 3.3cm 圓型環 ×2 個、2.5cm 織帶 ×5 尺

説明：斜背帶長度可依個人需求剪裁製作。

Steps

表布 & 外口袋

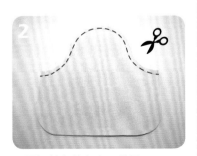

準備好外口袋表布和裡布。

正面相對車縫上方，剪牙口。

翻回正面，整燙並車縫一圈裝飾線固定。

中心往下 0.7cm 處，先放上轉鈕底座，用筆描繪洞口大小。

照記號線把洞口剪好。

將轉鈕底座套入固定。

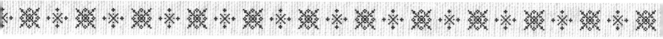

正面　　　　　　背面

另一側插入轉釦，背面可先墊一層布，再組合固定。

完成兩片外口袋，疏縫固定在表布上。

裡布

4.5

裡布中心往下約 4.5cm 處，參考 P.117，完成拉鍊口袋。

2

參考 P.117，完成貼式口袋。

表裡布反面相對，車縫固定，完成二組。

拉鍊口布

準備拉鍊表裡口布。

表布和裡布正面相對夾車拉鍊（縫份約 0.7cm）。

14

翻回正面整燙，壓線並整個車縫固定線。

15

重複步驟 13～15，完成另一側拉鍊口布。

側袋身

側身裡布

側身表布

準備側片表布及裡布，反面相對車縫固定。

17

拉鍊口布

側身布

拉鍊口布和側邊的短邊正面相對車縫。

側身裡布

接合處用斜布條包邊，完成後將縫份倒向側邊固定。

將四組側環布對摺兩次車縫，套上圓型環車縫固定。

距側邊 2cm 處,將側環布中心平放,兩側車縫固定,多餘側環布縫份裁切掉。

如圖,兩側再車縫一道固定線。

準備包邊布條,先將布條與側片的裡布正面相對,車縫一圈固定(縫份約 0.6～0.5cm)。

組合袋身

找出袋身及側邊的中心(可先疏縫一圈),側邊在下,袋身在上,正面相對車縫。

車縫包邊。

翻回正面整燙,完成。
(可參考 P.118 製作提把)

斜背帶

斜背帶布正面相對對摺,車縫長邊,縫份居中燙開。

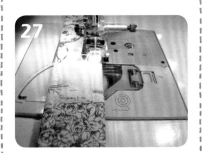

翻回正面整燙,套入織帶壓線固定。

套入問號鉤與日型環。

收邊車縫固定。

另一邊織帶套入日型環,穿入問號鉤收邊車縫固定。

完成。

Preface

~ 手作是幸福的　所以我愛上了它 ~

　　小朋友年幼時，我在家帶小孩，兼做純手工西服與專櫃女裝的家庭代工，學會了踩縫紉機，也因都是高價位的服飾，所以磨練了我對車工的品質與要求。隨著子女逐漸成長，我重回職場，但因會這項手藝，所以喜歡幫孩子做簡易的衣服或幫家裡做些布飾品，覺得好溫馨好幸福。

　　2008 年初有一天逛百貨公司，看到喜佳拼布教室，覺得也可以嘗試學做包包，就這樣報名了課程而踏入了手作的行列。當時只想做自己愛的東西，誰知 '08 年中開始的經濟不景氣，讓我成了無工作者的一員，卻也因學了手作包包，開始在部落格紀錄自己的作品，就這樣在部落格這認識了好多好朋友，互相交流而學習到更多的手作。

　　如今我全心全意投入手作世界裡，不亦樂乎，這應該就是橘子我幻想的幸福手作生活了，也感覺到夢想不再是遙不可及的。誠心的邀請大家一起來感受手作幸福的滋味喲~

施雅玲　‧　橘子

PART 3 橘子

喜愛手作帶來幸福的幸福感，
無論是毛線、烘焙還是布手作，都能樂在其中。
2008 年開始嘗試部落格，分享幸福的手作和快樂。
2010 年 2 月，部落格上有位陌生的網友詢問我：
可否接訂單做單眼相機包，因她非常喜歡我的作品。
這一天對我來說，是個非常重要的日子，
因為手作不再僅限於為自己心愛的家人製作，
而是我的作品廣受喜愛，可讓更多人使用……
就這樣開啟了我的接訂單製作。
橘子幸福手作 tw.myblog.yahoo.com/jolin211211

No.17

雙拉鍊巧手包

How to Make P.75

經典的雙拉鍊小提包一直深受喜愛，
看似迷你，容量卻不容小覷，
把需要的小物通通裝進來吧！

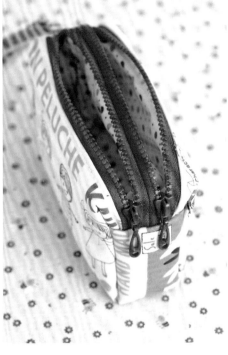

No.18

圓舞曲化妝包

How to Make P.77

有別於一般的化妝包，
袋口裝飾著甜美荷葉邊和浪漫的蕾絲，
是每一個女孩都想擁有的夢幻逸品！

No.19
繽紛童話二用提袋
How to Make P.82

簡單的束口袋，
因為不同的五金和提把而有了兩樣風情，
而亮眼的童話圖型也更能吸引眾人目光，
創造出俏麗的風格。

No.20
小熊花園午餐袋
How to Make P.80

美麗的花園與馬車，
加上透露著青春氣息的小熊，
簡單不造作的包款，
便當袋也可以很清新可愛。

No.21
日系手機零錢包
How to Make P.79

令人倍感舒服的棉麻布，
總讓人有種舒適放鬆的感覺。
若不想大包小包，只帶錢與手機出門，
就勾著這小錢包出門悠遊去吧！

No.22
氣質醫生口金提包

How to Make P.84

簡單又大方的醫生口金，
在紫色格紋布與蕾絲的搭配下，既優雅又有格調，
提把直接以布包覆口金，讓層次更加明顯，
即使單純只用圖案布來製作，也有種純真率性的氣質！

悠閒小紅帽手提包

How to Make P.86

可愛圓弧的蛋造型，
搭上趣味的小紅帽與大野狼，
讓許多女性朋友愛不釋手，
不管是上班或出遊，都是理想的包款。

淡雅褶裙小提包

How to Make P.83

利用打褶的設計，創造出包包的立體感，
再搭配經典不敗的小圓點或格子布，
營造出女性優雅的品味。

雙拉鍊巧手包

寬 13× 高 9× 底寬 4.5 cm

Materials 紙型及數字皆已含 0.7cm 縫份（紙型 … A 面 17）

部位	尺寸 (cm)	數量	燙襯
表布	↕ 25× ↔ 28	1	薄襯 + 鋪棉
裡布	↕ 14× ↔ 18	4	薄襯
提把布	↕ 4× ↔ 32	1	
D 環掛耳布	↕ 4× ↔ 3	1	

其他：拉鍊 15cm×2 條、4cm 寬蕾絲 ×30cm、D 型環問號鉤 ×1 組

Steps

1

依紙型裁剪布塊。

表裡袋組合

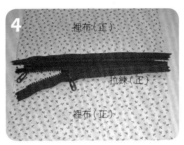

4
裡布（正）
拉鍊（正）
裡布（正）

二片裡布再正面相對，夾車二條拉鍊的接縫處。

7
表布（正）

表布居中車縫蕾絲。

拉鍊裡袋

2
拉鍊（反）

二條拉鍊先正面相對車縫，距離拉鏈邊 0.2cm 即可。

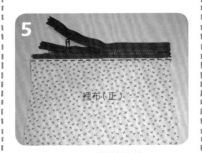

5
裡布（正）

翻回正面，壓一道裝飾線。

8
裡布（反）
表布（正）

取一片裡布如圖與表布正面相對，夾車拉鍊另一端。

3
拉鍊（正）

車縫完成如圖。

6

參考 P.117 製作提把。

9

完成後翻回正面壓線。

PART
3

橘
子

10 裡布（反）

另一邊拉鍊做法相同，可先以強力夾固定再來車縫。

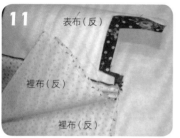

11 表布（反）
裡布（反）
裡布（反）

完成後如圖，二組裡布各自正面相對。

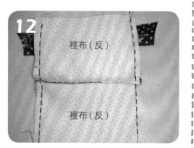

12 裡布（反）
裡布（反）

車縫二組裡布側邊，袋底先不車。

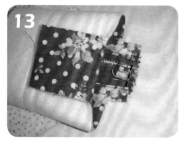

13

如圖將 D 型環固定於二條拉鏈間。

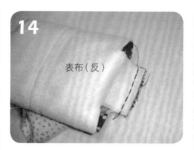

14 表布（反）

表布側邊與拉鍊處車合。

15 裡布（反）
表布（反）

注意車合時，裡布需如圖往旁摺，有皺褶沒關係。

16 裡布（反）
表布（反）

袋身側邊直線車合。

17

四個角如圖完成。

18 裡布（正）

接著縫合一組裡布袋底，另一組不車當返口。

翻回正面縫合袋底返口，完成。

圓舞曲化妝包

寬 18× 高 14.5× 底寬 7 cm

Materials　紙型未含縫份，數字已含 0.7cm 縫份（紙型 … B 面 18）

部位	尺寸 (cm)	數量	燙襯
表布	↕ 42 ×↔ 33	1	厚襯或棉襯
裡布	↕ 42 ×↔ 33	1	薄襯
包邊布	↕ 15 ×↔ 4	4	

其他：拉鍊 18cm×1 條、蕾絲約 60cm

Steps

表布

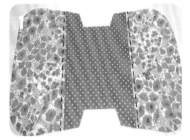

1 依紙型拼接表布，燙上薄布襯與薄棉，在接合處壓裝飾線。

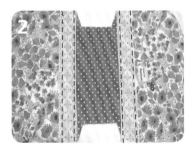

2 車縫布標與蕾絲裝飾。

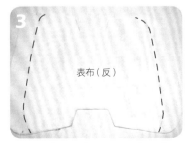

3 背面參考紙型標示，兩端距袋口4cm 處畫記號線，車縫抓皺線（針目大一點）。

4 拉皺褶，使皺褶長度同拉鍊。

5 盡量使皺褶均勻，頭尾打結，完成兩側如圖。

裡布

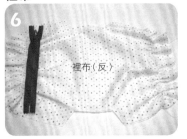

6 裡布兩端做法相同，抓皺到與拉鍊一樣長。

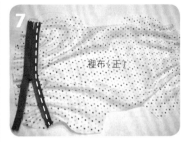

7 裡布與拉鍊正面相對，在皺摺處車上拉鍊。

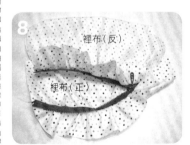

8 另一邊做法相同。

袋身組合

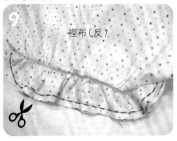

9 裡布與表布正面相對，兩端上緣車合，修剪牙口。

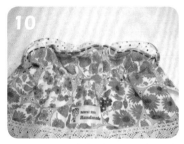

10

翻回正面，邊緣約 0.2cm 處壓車裝飾線。

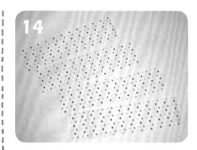

14

準備包邊布 4 片。

18

包邊完成。

11

打開拉鍊，如圖再車一道線，固定表裡布。

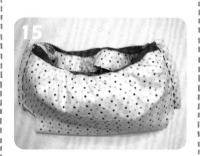

15

側邊縫份包邊車縫，注意上方包邊布要內摺收尾。

翻回正面整燙，完成。

12

固定拉鍊

從裡布先對齊固定兩側拉鍊。

16

接著車合袋底。

13

再車合兩側邊。

17

縫份如圖兩側內摺包邊。

日系手機零錢包

寬 17 × 高 10.5 cm

Materials　紙型及數字皆已含 0.7cm 縫份（紙型 … B 面 21）

部位	尺寸 (cm)	數量	燙襯
外口袋表布	↕ 12 × ↔ 20	1	厚襯
外口袋裡布	↕ 12 × ↔ 20	1	薄襯
表布	↕ 13.5 × ↔ 20	2	厚襯
裡布	↕ 13.5 × ↔ 20	2	薄襯
袋蓋	↕ 7 × ↔ 15	2	厚襯

其他：拉鍊 15cm × 1 條、四合釦 × 1 組、鉚釘 × 1 組、皮製細手提帶約 30cm

Steps

前口袋

1 袋蓋布二片正面相對，車縫∪型。

4 接著在表布反面做四合釦的位置記號。

7 袋蓋與表布居中對齊，疏縫固定。

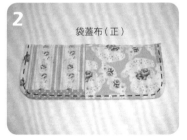

2 翻回正面邊緣壓裝飾線。

5 先敲上公釦。

表裡袋組合

8 前後片表布與裡布夾車拉鍊。

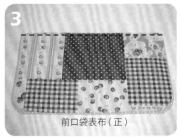

3 前口袋表、裡布正面相對車縫上方，翻回正面壓裝飾線。

6 前口袋疏縫∪型，固定在表布上。

9 適當地方先疏縫固定手提帶。

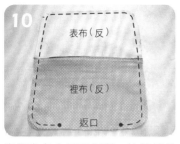

表裡布各自正面相對，拉鍊縫份倒向表布，如圖車縫一圈。

於袋蓋適當位置敲上另一邊的母釦。

完成。

從返口翻回正面，縫合返口。

提把上敲上裝飾鉚釘。

小熊花園午餐袋

寬 18× 高 15.5 × 底寬 15cm

Materials　紙型及數字皆已含 0.7cm 縫份 (紙型 … B 面 20)

部位	尺寸 (cm)	數量	燙襯
袋身表布	↕ 22 × ↔ 38	2	厚襯或棉襯
袋身裡布	↕ 22 × ↔ 38	2	薄襯
袋底表布	↕ 19 × ↔ 22	1	厚襯或棉襯
袋底裡布	↕ 19 × ↔ 22	1	薄襯

其他：2.5cm 織帶約 140cm、蕾絲一小段

Steps

表布

表裡布燙襯，並參考紙型標示打摺記號。

裡布依需求加內口袋，再車縫打摺處，縫份由中間倒向兩邊。

共完成表、裡布各二片。

4

表布二片正面相對，側身車合，縫份燙開。

8

接著依袋底紙型，修剪比紙型略小 0.2~0.3cm 的袋底膠板，如圖，先將膠板固定在表布袋底上。

12

接著從側邊接縫處先車一小段蕾絲，再放上織帶包邊車縫整圈袋口。

5

袋底與側身四周對齊，先壓車四個記號點，亦可用強力夾固定，再車合袋底。

9

翻回正面。

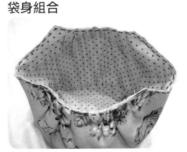

3

正面剛完成織帶包邊的上緣接點，留 30cm 織帶對摺車合當提把，再繼續包邊車剩下的接起點的蕾絲處，以蕾絲裝飾接點。

PART
3

橘
子

6

袋底縫份剪牙口，翻回正面。

袋身組合

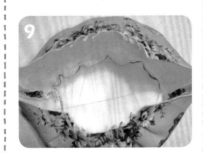

裡袋套入表袋，反面相對，袋口車縫固定一圈。

裡布

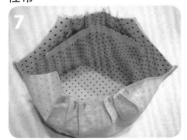

7

裡袋同表袋做法，完成。

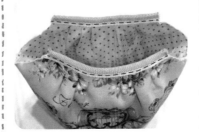

取 2.5cm 的織帶對摺，先在上側包邊車縫袋口。

完成。

繽紛童話二用提袋

寬 18.5× 高 21× 底寬 8 cm

Materials 數字已含 0.7cm 縫份

部位	尺寸 (cm)	數量	燙襯
表布	↕ 45× ↔ 28	1	厚襯或棉襯
裡布	↕ 45× ↔ 28	1	薄襯
束口表布	↕ 7 × ↔ 24	2	薄襯 + 棉襯
內貼式鬆緊口袋	↕ 28 × ↔ 15	1	

其他：15cm 一字型口金 ×1 個、短提帶 ×1 條、棉繩 ×120cm

Steps

1 先以裡布製作內貼式鬆緊口袋，車縫固定於裡布上。

2 束口表布先燙薄襯，再燙一半的棉襯 (不含縫分)，兩邊往內摺 0.5cm 車縫壓線。

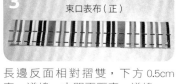

3 長邊反面相對摺雙，下方 0.5cm 車一道線，中間再壓車一道線。

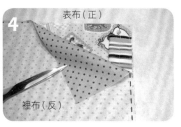

4 表裡布夾車剛完成的束口布，翻回正面壓裝飾線。

5 如圖表、裡布各自正面相對，準備車縫兩側。

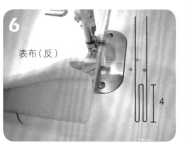

6 表布袋底中心如圖往內摺 4cm 壓車，等於車袋底打角 8cm。

7 裡布相同做法車合。

8 從返口翻回正面整燙。

9 縫合返口，穿上口金或棉繩。

完成。

淡雅褶裙小提包

寬 25× 高 24.5 cm

Materials　紙型及數字皆已含 0.7cm 縫份（紙型 … B 面 24）

部位	尺寸 (cm)	數量	燙襯
表布	↕ 25× ↔ 33	2	厚襯
裡布	↕ 25× ↔ 33	2	薄襯
袋口口布	↕ 6 × ↔ 22	4	厚襯
內貼式口袋	↕ 28× ↔ 15	1	薄襯
提把布	↕ 30× ↔ 10	2	薄襯

其他：蕾絲 50cm×1 條

Steps

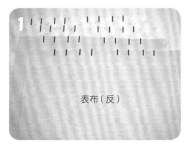

1　表、裡布燙厚布襯，標示打摺記號。

4　提把布以四摺法製作，兩側壓線完成提把。

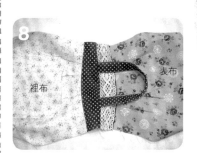

7　提把固定於表布袋口。

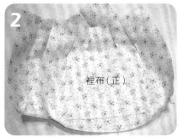

2　裡布依需求加內口袋，上方打摺車縫，縫份倒向中心，下方底角車合。

5　取四片口布，其中二片車上蕾絲。

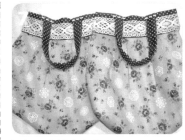

8　表裡布正面相對車合，攤開縫份倒向裡布，共製作 2 組。

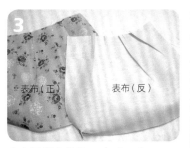

3　表布同裡布做法，完成二片。

6　有蕾絲的口布與表布如圖車合，裡布則與另二片口布車合，縫份倒向口布壓線。

9　如圖二組袋身正面相對。

PART
3
〰〰〰
橘
子

四周車縫一圈，裡布袋底留返口。

翻回正面，縫合裡布返口，袋口壓裝飾線。

完成。

氣質醫生口金提包

寬 18× 高 23.5 × 底寬 12cm

Materials　紙型及數字皆已含 0.7cm 縫份 (紙型 … B 面 22)

部位	尺寸 (cm)	數量	燙襯
袋身表布	紙型	1	厚襯或棉襯
袋身裡布	紙型	1	薄襯
口金提把布	↕ 31 ×↔ 7	2	薄襯
內口袋布	↕ 29 ×↔ 9.5	1	薄襯

其他：醫生口金 18cm×1 組、蕾絲× 70cm

Steps

表布

蕾絲打褶，如圖固定於表布上。

提把

製做提把布，兩側先內摺 0.5cm 壓線。

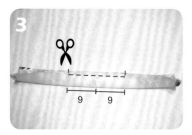

9　9

從中心點往左右 9cm 做記號，如圖車縫 (頭尾要回針)，縫份剪牙口。

4 提把布（正）

翻回正面整燙。

5

車縫左右 2 邊（縫份約 0.5cm），共完成兩片。

6

表布（反）

表裡布正面相對，先車合中間曲線，彎處剪牙口。

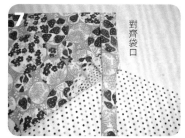

7 對齊袋口

攤開表裡布，提把布如圖放置，上方袋口對齊，先固定一邊。

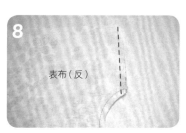

8

表布（反）

表裡布一起夾車提把布。

9

裡布（正）　表布（正）

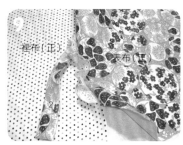

注意中間不車。

10

表布（反）

接著拉到另一邊，一樣表裡布夾車提把。

11

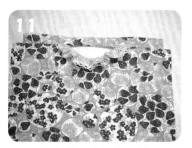

翻回正面整燙，共製作二組。

袋身組合

12

表裡布攤開各自正面相對車縫一圈，縫份倒向表布，裡布留返口，袋底打角 12cm，剪掉多餘的布。

13

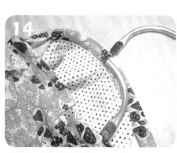

翻回正面整燙，袋口壓一圈裝飾線，縫合返口。

14

從提把側邊裝上醫生口金。

15

完成。

PART
3
橘
子

悠閒小紅帽手提包

寬 25.5× 高 24.5× 底寬 13 cm

Materials 紙型未含縫份，數字已含 0.7cm 縫份，（紙型 … B 面 23）

部位	尺寸 (cm)	數量	燙襯
袋身表布 (點點布)	↕ 30× ↔ 30	2	厚襯
袋身裡布	↕ 30× ↔ 30	2	薄襯
外口袋表布 (圖案布)	↕ 19× ↔ 30	2	厚襯
外口袋裡布	↕ 19× ↔ 30	2	薄襯
袋底表布	↕ 48× ↔ 16	1	厚襯
袋底裡布	↕ 48× ↔ 16	1	薄襯
拉鍊口布表布	↕ 45× ↔ 18	1	厚襯
拉鍊口布裡布	↕ 45× ↔ 18	1	薄襯
內拉鍊口袋布	↕ 18× ↔ 30	1	薄襯
內拉鍊口袋布	↕ 18× ↔ 30	1	薄襯

其他： 雙頭拉鍊 40cm×1 條、拉鍊 15cm×1 條、35cm 手提把 ×1 組

說明： 表布可貼 2 層布襯，第一層不含縫份。

Steps

拉鍊口布

拉鍊口布表布（正）

1 先取表裡口布與 40cm 雙拉頭拉鍊。

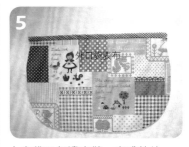
翻回正面壓車裝飾線，拉鍊兩邊做法相同。

3

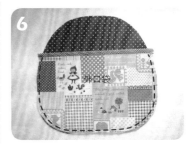
外口袋表布
上方袋口包邊車縫，完成外片。

5

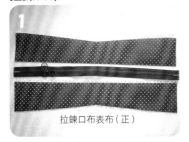
拉鍊口布裡布（正）
拉鍊口布表布（正）

2 表裡口布正面相對，對齊中心點夾車拉鍊。

外口袋

外口袋裡布（反）
外口袋表布（正）

4 外口袋表裡布背面相對，先疏縫固定。

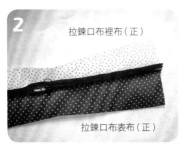
外口袋

6 固定在袋身表布上，共製作二片。

裡布

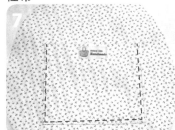

7

參考 P.117 製做貼式口袋。

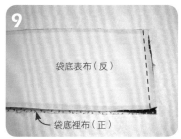

8

另一側參考 P.117 製作拉鍊口袋。

9

袋底表布（反）

袋底裡布（正）

袋底表裡布正面相對，夾車拉鍊口布兩端。

側身

10

袋底裡布

翻回正面，縫份倒向袋底車裝飾線。

11

側身邊緣整圈疏縫 0.5cm。

袋身組合

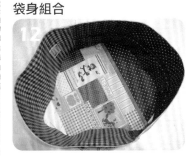

12

取一表布跟側身對齊，車縫四周組合。

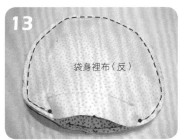

13

袋身裡布（反）

覆蓋一片裡布，與表布正面相對，包覆側身車縫四周，留一返口翻出正面。

14

同步驟 12、13，製作另一側。

15

全部完成從返口翻出。

16

縫合返口，整燙袋身。

縫上提把，完成。

PART
3

橘
子

Preface

　　從事手作以來，一直堅信不用艱深的技巧，也能做出獨一無二的好作品，一點創意，一點大膽，再加上一點個人巧思與特色，就能創造出無可取代的包款…手作就是如此的有魅力，可以隨心所欲，也令人沉迷～～

　　很開心接到編輯的邀約，參與這麼有趣又實用的創作合輯，手拿包一直是 coco 手作裡不可或缺的包款，要用一個小包來表現出個人特色，且兼具時尚、實用和場合真是不容易，所以承襲 coco 一貫的創作理念：簡單、時尚、大氣且兼具多功能實用性，精心設計了這 8 款迷人的手拿包款。

　　在一個小小的空間裡，要將隨身必備的小物集中在裡頭，依需求而井然有序，它可以是舒服的、隨性的、輕鬆的，也可以是流行的、時尚的，更可以是高貴的、優雅的，拎著一個小包就可以外出，並搭配不同的心情、服飾和場合……它是主角，也可以是配角，它可以搶眼，也可以低調～

　　本書的創作裡，除了手拿包款的設計，coco 也希望能傳達：用同一個包款版型，搭配變化不同花色，材質和配件，就能展現截然不同的風貌與功能。

　　心動嗎？和 coco 一起輕快的踩著縫紉機，完成一個個屬於自己專屬的完美手拿包，享受手作的輕鬆，愉悅與成就～～～～

郭雅芬・Coco Kuo

PART 4 COCO

COCO

2002 無意經過喜佳教室，購入第一台 brother 縫紉機，從此結下不解之緣

2003 作品受到店內客人的喜愛，慢慢地接起訂單製作

2006 妹妹去大陸工作前，幫 COCO 成立了 COCO 手作小物部落格，
　　　分享手作點滴，從此不務正業，悠遊於訂單與設計的手作世界 ~~~

2011 開始接受出版社的邀約，作品陸續在雜誌上發表

2012 部落格瀏覽人次破百萬，手作領域漸受肯定

2012 出版個人第一本手作書『超人氣時尚手作包』頗受好評，
　　　並蟬連數週金石堂網路書店手工藝類第一名

coco 手作小物　tw.myblog.yahoo.com/coco688888

COCO 幸福手作工作室　雲林縣北港鎮文化路 143 號

No.25
寫意旅行二用包
How to Make P.101

沐浴在陽光下，來趟的心靈之旅吧！
不用太多行頭，就帶著隨身小物，
手拿也好，側揹也 OK，輕輕鬆鬆，
隨著快樂的心一起漫步！

No.26
幸福青鳥手握包
How to Make P.109

將傳說中會帶來幸福的青鳥握在手上，
就像是把幸福握在手心。
立體的造型，清爽的雜貨風，
讓人有耳目一新的可愛感。

No.27
古典玫瑰轉釦包
How to Make P.105

簡單又俐落的包款搭上小摺蓋的設計，
在優雅的棉麻布與防水布搭配下，
整體層次更加明顯，也散發出獨特的氣質。

巴黎半圓隨身包

How to Make P.103

流暢的圓弧線，
因不同布款變化，使得包款更顯活潑，
而不管是小墜飾還是布標裝飾，都有種輕快的都會風情。

No.29
經典多隔層長夾

How to Make P.111

集實用與品味的經典包款,
卡片、現金、收據、手機都能完美收納,
再加點巧思設計,一個小提把、蝴蝶結、
甚至是拉鍊頭的裝飾,
都能讓你的專屬長夾獨一無二!

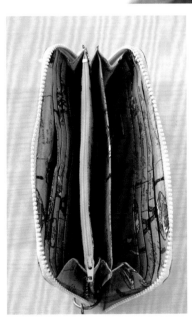

No.30

蝴蝶結時尚手拿包

How to Make P.115

亮眼的蝴蝶結袋蓋設計，時尚又獨特，
只要將手套入蝴蝶結就可輕鬆握著包，
派對女主角非妳莫屬！

同樣包款，只要換個袋蓋設計與提把，
就是完全不同的風格！

No.31
3C 精品收納包

How to Make P.106

實用大方的包款，搭配精緻的精品圖案，
獨特的裝飾帶，創造出都會的品味。
即使是 3C 商品，也該有個時尚的收納包！

No.32

蕾絲雙層晚宴包

How to Make P.113

優雅的蕾絲鑲貼在復古的包款上，
法式的浪漫，搭配細長的鍊條，
營造出低調的奢華美感，氣質非凡。

寫意旅行二用包

寬 21.5× 高 13.5× 底寬 9 cm

Materials　紙型請外加縫份，數字已含 0.7cm 縫份（紙型 … B 面 25）

部位	尺寸 (cm)	數量	燙襯
袋身表布	紙型 25-1	2	厚襯（不含縫份）
袋身裡布	紙型 25-1	2	厚襯（不含縫份）
拉鍊口布表布	↕ 27.5× ↔ 3.8	2	厚襯（不含縫份）
拉鍊口布裡布	↕ 27.5× ↔ 3.8	2	厚襯（不含縫份）
側底表布	紙型 25-2	1	厚襯（不含縫份）
側底裡布	紙型 25-2	1	厚襯（不含縫份）
內口袋	紙型 25-3	2	厚襯（貼一半）
後拉鍊口袋	↕ 24× ↔ 18	1	
斜布條	120×4	1	
D 環掛耳布	↕ 5.5× ↔ 5	2	厚襯 ↕ 2.5× ↔ 5

其他：1.2cmD 環 ×2 個、拉鍊 25cm×1 條、拉鍊 12cm×1 條、皮提把問號鉤 ×1 組

Steps

後表布依紙型位置，參考 P.117 製作一字拉鍊口袋。

拉鍊口布

拉鍊口布表布（反）

拉鍊表裡口布夾車 25cm 拉鍊。

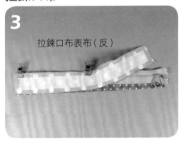

另一邊做法相同，完成兩側拉鍊口布。

D 環掛耳

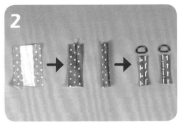

D 環掛耳布中間燙襯，以四褶法製作側邊口環。

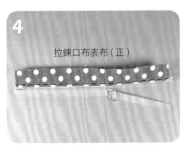

拉鍊口布表布（正）

翻回正面，整燙後壓線 0.2cm。

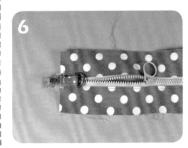

拉鍊口布兩側固定 D 環。

側身

表裡側身正面相對夾車拉鍊口布。

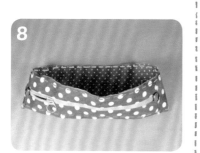

翻回正面壓線 0.2cm，兩側疏縫一圈固定表裡布。

袋身

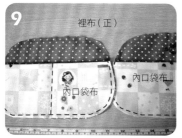

內口袋背面相對對摺，車縫固定於裡布，格層可依喜好而定。

前後表布各自與裡布背對背車縫固定。

組合

前袋身與拉鍊口布先找出中心點，表布正面相對，對齊後以強力夾固定，車縫接合。

完成後再接合後片袋身。

裡袋身縫份以斜布條滾邊包覆，翻回正面整燙即完成。

側邊亦可加手提把。

巴黎半圓隨身包

寬 18× 高 13× 底寬 9 cm

Materials　紙型未含縫份，數字已含 0.7cm 縫份（紙型 … B 面 28）

部位	尺寸 (cm)	數量	燙襯
表布	紙型 28-1	2	厚襯
裡布	紙型 28-1(摺雙)	1	厚襯
拉鍊擋布	↕ 2.5× ↔ 6	2	
裡袋卡片隔層 A	↕ 18× ↔ 28.5	1	紙襯 ↕ 8.25× ↔ 19
裡袋卡片隔層 B	↕ 12.5× ↔ 28.5	2	紙襯 ↕ 5.5× ↔ 19
拉鍊口袋布	紙型 28-2	2	紙襯 (貼 1 片)
D 環掛耳布	↕ 4× ↔ 5	2	

其他：真皮皮帶 1×4 cm×2 條、拉鍊 30cm×1 條、拉鍊 18cm×1 條、1.2cmD 環 ×2 個

Steps

表布

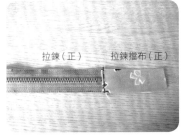

拉鍊兩側留縫份 0.7cm，與拉鍊擋布正面相對，側邊對齊車縫，再翻回正面於 0.2cm 處壓線。

剪皮片穿入 D 環，如圖固定於尾端拉鍊口布兩端。

拉鍊剪牙口，抓出中心點，與表布正面相對，對齊上方車縫半圓固定。

翻回正面，0.2cm 處壓線，另一側做法相同。

車合表袋身底部。

兩側車合底角。

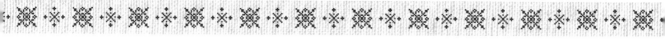

完成表袋身。

11

拉鍊口袋布
（反）

依紙型剪下拉鍊口袋布二片，一
貼襯、一片不貼。

表裡袋背面相對，表袋套入裡袋
中，將裡袋口手縫固定於表袋拉
鍊上。

8

卡片格層 A（反）

卡片格層 B（反）

卡片格層 B（反）

卡片格層布 A、B 居中燙襯，各自
正面相對對摺，底部車縫固定。

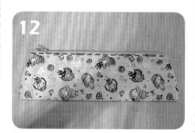

12

參考 P.119 製作拉鍊口袋。

翻回正面，完成。

9

翻面正面，上方 0.2cm 處壓線。

13

卡片隔層與拉鍊口袋如圖固定於
裡布上。

10

二片隔層 B 等距將下方固定於隔
層 A 上。

14

將裡布袋口縫份內摺燙平，並壓
車底角。

古典玫瑰轉鈕包

寬 15× 高 12 底寬 4cm

Materials 紙型末含縫份，數字已含 0.7cm 縫份（紙型…B 面 27）

部位	尺寸(cm)	數量	燙襯
袋身表布 A(上)	紙型 27-1	1	厚襯
袋身表布 B(下)	紙型 27-2	1	厚襯
袋身表布 C(後表)	紙型 27-3	1	厚襯
袋身裡布	紙型 27-3(摺雙)	2	厚襯
裡口袋	↕ 15 ×↔ 10	2	厚襯（貼 1 片）
D 環掛耳布	↕ 4.5×↔ 5	2	
提把布	↕ 4.5×↔ 35		

其他：轉鈕 ×1 組、鉚釘 ×1 組、皮製細手提帶約 30cm、1.2cmD 環 ×2 個、1.2cm 問號鉤 ×2 個

Steps

前口袋

1 表布 A（正）／表布 B（正）

組合表布 A 與 B，彎度剪牙口，燙開後翻回正面，車上蕾絲。

2 表布 A（反）／表布 B（反）

與後表布 C 組合，縫份燙開，兩側車縫底角。

3

依紙型記號安裝轉鈕於後表布。

4 裡布（正）

依需求製作裡布口袋與卡片夾，車縫於裡布上。

5 裡布（反）

裡布正面相對，車縫兩側，留返口 10cm，底部車縫底角。

6 表袋身（反）　　裡袋身（反）

完成的表裡袋身。

7

鈕耳布四摺後車縫壓線，剪成兩段。

8 D 環

鈕耳穿過 D 環，固定於表袋身兩側。

表裡袋組合

9

表袋身與裡袋身正面相對套入，對齊袋口車縫一圈，可先車兩側凹處，彎度剪牙口。

由返口翻出,縫合返口,袋口壓線,裝上轉釦另一方。

提把布四摺後車縫壓線,裝入 1.2 cm 問號勾,壓線完成提把。

完成。

3C 精品收納包

寬 25× 高 22× 底寬 6 cm

Materials 紙型及數字皆為實版,請外加 0.7cm 縫份(紙型 … B 面 31)

部位	尺寸 (cm)	數量	燙襯
袋身表布	↕ 51.5× ↔ 32.5	1	厚襯
袋身裡布	↕ 26× ↔ 32.5	2	厚襯
袋蓋表布	紙型 31-1	1	厚襯
袋蓋裡布	紙型 31-1	1	厚襯
後拉鍊口袋布	↕ 30× ↔ 20	1	
裡拉鍊口袋	↕ 21.5× ↔ 34	2	厚襯 (貼 1 片)
內口袋	↕ 31.5× ↔ 27.5	1	厚襯 ↕ 30× ↔ 13
皮條布	↕ 3.5× ↔ 65		
拉鍊擋布	↕ 2.5× ↔ 6		

其他:拉鍊 20cm×1 條、拉鍊 15cm×1 條、書包釦 ×1 組

說明:表布為厚帆布時,不需貼襯

Steps

袋蓋

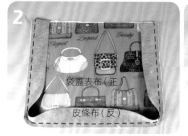

袋蓋依紙型貼襯,表裡布背面相對如圖車縫。

用 3.5cm 皮條布車上滾邊,完成袋蓋。

袋身

3

袋身表布參考 P.117 製作 15cm 拉鍊口袋。

4

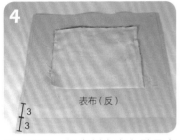

翻回背面,標出側身中心點及上下 3cm 記號。

5

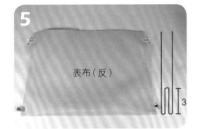

如圖摺起車縫兩側,做出 6cm 的底部。

6

將袋蓋表布與表袋身有拉鍊那一側正面相對,上方對齊中心點,固定車縫於表袋上。

7

製作內口袋,正面相對對摺車縫下方,翻回正面上方壓裝飾線。

8

固定於袋身裡布上,並依需求車出格層。

拉鍊夾層口袋

9

20cm 拉鍊尾端先車上擋布。

10

兩片拉鍊口袋布正面相對,夾車拉鍊。

11

翻回正面壓線。

12

另一邊方法亦同。

13

完成拉鍊夾層口袋。

14

將拉鍊夾層口袋置於裡布後片,由上往下 3.5cm(不含縫份),固定兩側。

PART
4
COCO

裡布（反）

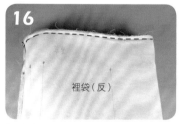

裡布正面相對，車縫ㄩ型，下方
留 12 cm 返口，再打底角 6 cm，
完成裡袋。

組合

裡袋（反）

組合好的裡袋，正面相對套入表
袋，上方車縫一圈。

表袋（正）

由返口翻出整燙，於袋口與袋身
四個側邊壓線，並縫合返口。

分別依紙型記號處，釘上皮提把
和皮插鈕。

完成。

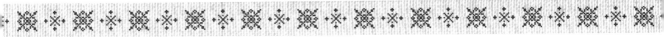

幸福青鳥手握包

寬 24 × 高 16 × 底寬 8 cm

Materials　紙型及數字皆為實版,請外加 0.7cm 縫份(紙型 ⋯ B 面 26)

部位	尺寸 (cm)	數量	燙襯
袋身表布	紙型 26-1	正反各 1	厚襯
袋身裡布	紙型 26-1	正反各 1	厚襯
拉鍊口布表布	↕ 4 × ↔ 32.8	2	厚襯(不含縫份)
拉鍊口布裡布	↕ 4 × ↔ 32.8	2	厚襯(不含縫份)
側底表布	↕ 7.5 × ↔ 38	1	厚襯(不含縫份)
側底裡布	↕ 7.5 × ↔ 38	1	厚襯(不含縫份)
袋身翅膀表布	紙型 26-2	正反各 1	棉襯(不含縫份)
袋身翅膀裡布	紙型 26-2	正反各 1	
內口袋	紙型 26-3	2	
提把裝飾布	↕ 12 × ↔ 3.5	1	

其他:拉鍊 25cm × 1 條、繡線 × 1 組、2.5 cm 織帶 × 12cm、不織布、皮片各少許

Steps

表布

1 剪下 4 片不織布的嘴巴,用保麗龍膠兩兩相對黏好。

3 參考紙型,將嘴巴如圖固定車縫。

5 整燙後返口先用強力夾固定。

2 用水消筆在表布畫上眼睛和嘴巴的位置,用 4 股繡線繡上眼睛,注意兩片表布的方向要相反。

4 製作翅膀口袋,表布貼上單膠棉,與裡布正面相對車縫一圈,轉彎處剪牙口,下端留返口翻出。

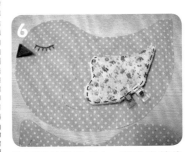

6 依紙型放於表布上,請注意前後片不同,前片翅膀是小口袋,口袋上方可先壓裝飾線,再車縫下方,順便縫合返口。

7

後片翅膀為穿環，車縫上下方即可（可穿入腰帶當成腰包）。

8

拉鍊口布表布

拉鍊口布表布

側底表布

準備拉鍊口布及側身布。

9

拉鍊口布表布與拉鍊正面相對車縫，再翻回正面壓線，2側以皮片固定D環。

10

側底表布（反）

側底表布與拉鍊口布正面相對車合，再翻回正面壓線。

11

製作提把，裝飾布兩側往內摺燙，固定車縫於織帶上。

12

表布（反）

先將提把依紙型標示固定於表布上，再將前後表布與側底表布組合，轉彎處剪牙口，另一邊做法亦同，完成後將縫份燙開。

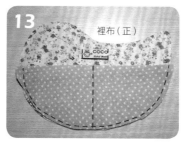

13

裡布（正）

內口袋背面相對對摺，與布標車縫固定於袋身裡布，格層可依喜好而定。

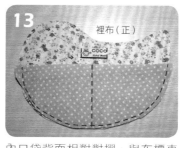

14

拉鍊口布裡布（反）

拉鍊口布裡布（反）

拉鍊口布的裡布縫份燙入，中間留1cm縫份，再與側底裡布組合。

15

裡布（反）

同表袋組合方式，製作裡袋身份。

16

裡袋身（正）

表裡袋背面相對，表袋套入裡袋中，將裡袋上方手縫固定於表袋拉鍊上。

17

完成。

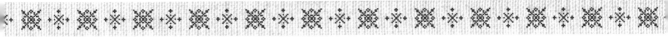

經典多隔層長夾

寬 20.5 × 高 10 × 底寬 2 cm

Materials　紙型未含縫份，數字已含 0.7cm 縫份，（紙型 … B 面 29）

部位	尺寸 (cm)	數量	燙襯
袋身表布	紙型 29-1	2	厚襯
袋身裡布	紙型 29-2	1	厚襯
裡袋卡片隔層 A	↕ 18.5 × ↔ 22	2	紙襯（貼一半）
裡袋卡片隔層 B	↕ 12.5 × ↔ 22	6	紙襯（貼一半）
拉鍊口袋布	↕ 15.5 × ↔ 19.5	2	紙襯 ↕ 14 × ↔ 18.2（貼 1 片）
側邊擋布	↕ 16.5 × ↔ 16.5	2	紙襯 ↕ 7.5 × ↔ 15（貼一半）
中間隔層	↕ 15.5 × ↔ 19.5	1	紙襯 ↕ 14 × ↔ 18.2

其他：5V 拉鍊 40.5cm × 1 條、拉鍊 18 cm × 1 條、小扣眼 × 1、銅環 × 1、問號鉤提把 × 1 組

Steps

表袋

二片表布燙襯後接合。

翻回正面壓線。以接合處為中心點，往上下 0.7cm 各畫一記號。

拉鍊拉開如圖與表布正面相對固定，由上方中心點記號處起針。

轉彎處拉鍊剪牙口，車縫至另一端的 0.7cm 處止縫回針。另一側做法亦同。

拉上拉鍊，先檢查拉鍊是否平順。

翻摺拉鍊至表布反面，使拉鍊齒朝外，再從表布正面離接縫處 0.2cm 壓縫一圈，注意車縫彎度時速度可放至最慢。

完成表布。

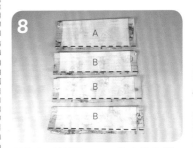

製作卡片格層 A、B，依序貼上襯，再正面相對對摺，下方車縫固定。

翻回正面，上方壓裝飾線。

PART

4

C
O
C
O

10

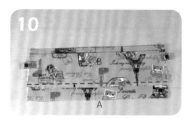

固定卡片格層,三片 B 等距 0.7cm 排好,從最內層依序下方固定於 A 上。

11

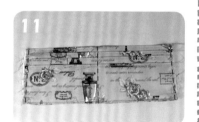

A 與 B 中心與兩側壓線固定,共製作二組。

12

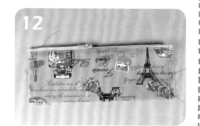

參考 P.119 製作拉鍊夾層口袋。

13

同裡卡片格層做法,製作中間擋布。

14

側擋布內側

同卡片格層做法,製作側擋布,上下壓線後抓出中心點,熨燙山線並壓車 0.2cm。

15

側擋布外側

左右 2 cm 畫谷線,並熨燙壓摺。

16

卡片隔層

卡片隔層

裡袋畫出中心點,往上下各 0.7cm 固定組合好的卡片格層。

17

側擋布外側

裡布上半部縫份反摺燙平,壓線 0.2cm,側擋布壓山線的那一面與裡布正面相對,再如圖固定一側。

18

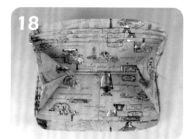

以相同做法固定另一邊側擋布。

19

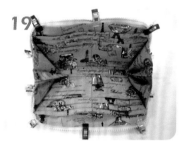

表裡布以珠針或夾子固定,手縫一圈組合。

20

將中央擋片及拉鍊口袋固定在側擋布的兩端谷線處,車縫 0.5cm 固定。

21

可製作手挽帶鉤在拉鍊上,當手拿包使用。

蕾絲雙層晚宴包

寬 25× 高 12× 底寬 4 cm

Materials 紙型及數字皆為實版，請外加 0.7cm 縫份（紙型 ⋯ B 面 32）

部位	尺寸(cm)	數量	燙襯（皆不含縫份）
袋身表布	紙型 32-1	4	厚襯
袋身裡布	紙型 32-1	4	厚襯
袋蓋表布	紙型 32-2	1	厚襯
袋蓋裡布	紙型 32-2	1	厚襯
裡口袋	紙型 32-3	2	

其他：蕾絲 ×1 片、書包釦 ×1 組、皮片少許、1.2cmD 環 ×2 個

Steps

袋蓋

將裝飾蕾絲固定於上袋蓋。

製作裡布口袋，依紙型外加縫份，上方加 1.5cm 剪下，袋口往內摺兩次熨燙。

袋蓋表裡布正面相對，車縫下方半圓形，彎處剪牙口，翻回正面整燙壓線。

袋身

四片表裡布的下方分別車合截角。

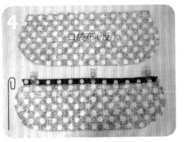

從正面壓線。

車縫固定在裡布上，依需求製作隔層，下方車合截角。

上袋蓋與後表布正面相對，依紙型位置對齊，車縫上方。

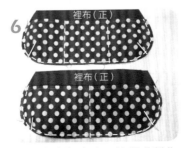

剪 1.2X4cm 皮片，套入 D 環備用。

組合

將裡布與表布各自正面相對，上方先車縫固定，縫份燙開，並依序編號 1~4。

將紙型的 U 型袋記號畫於 2 與 3 組表布背面。

3、4 組的表裡布先正面車合一圈（注意不要車到 2 號表布），裡布留 10 公分返口。

翻回正面，袋口壓線並固定書包鈕。

由返口翻回正面。

完成。

再如圖將 2 與 3 組表布正面相對，D 環掛耳夾於兩側，車縫固定，上方各留 1.5cm 不車。

以相同方法組合 1、2 組的表裡布，由返口翻出。

背面亦可加上蝴蝶結，做成腰包。

依紙型位置，將書包鈕固定於第 1 組表布下方。

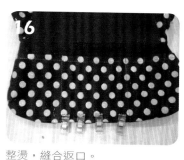

整燙，縫合返口。

蝴蝶結時尚手拿包

寬 24 × 高 16 × 底寬 8 cm

Materials 紙型及數字皆為實版，請外加 0.7cm 縫份（紙型 … B 面 30）

部位	尺寸 (cm)	數量	燙襯
袋身表布	紙型 30-2	2	厚襯
袋身裡布	紙型 30-2	2	厚襯
袋蓋表布	紙型 30-1	1	厚襯
袋蓋裡布	紙型 30-1	1	厚襯
前立體口袋表布	紙型 30-4	1	厚襯
前立體口袋裡布	紙型 30-4	1	
側身表布	紙型 30-5	1	厚襯
側身裡布	紙型 30-5	1	厚襯
後口袋表布	紙型 30-3	1	
後口袋裡布	紙型 30-3	1	
內口袋裡布	紙型 30-3	摺雙 ×1	一半厚襯（不含縫份）
蝴蝶結上片	↕ 22.5× ↔ 19.5	1	厚襯 ↕ 21× ↔ 9
蝴蝶結下片	↕ 20.5× ↔ 9.5	1	厚襯 ↕ 19× ↔ 4
裝飾擋布	↕ 3.5× ↔ 8		
D 環掛耳布	↕ 4× ↔ 3.5		

其他：2cmD 環 ×2 個

説明：表布為厚帆布時，不需貼襯

Steps

表布

製作袋蓋蝴蝶結，依尺寸貼一半的襯，正面相對對摺，留一返口如圖車縫，再翻回正面整燙並縫合返口。

蝴蝶結上片先抓出適合的位置，兩側車縫於表布上，中間再以織帶或蕾絲抓褶做出蝴蝶結效果。

以四摺法製作側邊掛耳布，將掛耳穿過 D 環，對摺後依紙型位置固定於側身表布。

蝴蝶結下片如圖固定於袋蓋表布。

袋蓋表布和裡布正面相對車合 U 形，注意不要車到蝴蝶結，翻回正面壓線。

再將裝飾擋布兩側內摺燙好，車縫於表側身，蓋住掛耳布縫份。（亦可依需求製作問號鉤掛環）。

7

前立體口袋表布（反）

後口袋表布（反）

製作前後片口袋，表裡布各自正面相對車縫上方。

8

後口袋表布（正）

前立體口袋表布（正）

翻回正面整燙，壓裝飾線，並標出分隔記號及山谷線。

袋身表布（正）

前立體口袋

前片立體口袋依山谷線摺燙，中間壓車分隔線。

10

後口袋

前立體口袋

前後片口袋各自固定於表布上。

後袋身表布（正）

袋蓋與後片組合。

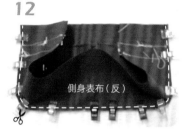

12

側身表布（反）

✂

前後片表布與側身布組合，側身布轉彎處剪牙口，完成後縫份燙開。

13

內口袋布（反）

內口袋布先燙襯。

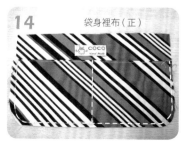

14

袋身裡布（正）

COCO
Hand Made

口袋布背面相對對摺，上方壓線，與布標各自車縫固定於裡袋身，格層可依喜好而定。

15

袋身裡布（反）

返口

組合內袋，做法同表袋身，一側留返口。

16

組合表裡袋，裡袋套入表袋，正面相對，袋口車縫一圈。

17

從返口翻回正面整燙，袋口 0.2cm 處壓線一圈。

縫合返口，再於袋口縫上磁釦，完成。

116

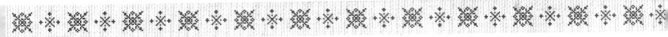

基本技法

貼式口袋

1

口袋布可使用一整片布，或表裡布不同，或是像本範例以上下片的裁剪方式來製作。

2

口袋布上下片如圖接縫成筒狀，縫份燙開。

3

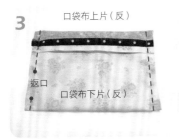

整燙後兩側車縫，一邊留返口。

4

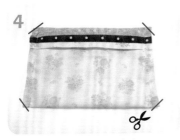

口袋四個底角修剪 45 度角。

5

由返口翻回正面，將返口縫份向內摺整燙，袋口壓裝飾線。

6

將口袋車縫ㄩ形固定於裡布上，頭尾要回針縫加強固定。

一字拉鍊口袋

1

口袋布與表／裡布正面相對，畫長方格，寬度 0.7~1cm，長度為拉鍊長加 0.5cm，取中心線，並於兩端畫Y字剪線記號。

2

將兩片布沿著長方格框車縫一圈固定。

3

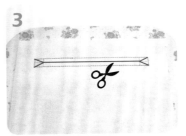

沿著紅線剪開，Y字部分盡量剪到底，但不能剪到車縫線。

4

拉鍊口袋布與表／裡布接合處可先翻開整燙，再將口袋布由開口翻至反面。

PART
5

基本技法

5

表／裡布（正）

拉鍊口袋布（反）

翻好後可先以骨筆刮平,再用熨斗整燙。

6

拉鍊正面兩側貼上布用雙面膠,撕開後對齊開口,貼上固定,換上拉鍊壓布腳車縫一圈。

7

拉鍊口袋布（反）

表／裡布（正）

翻至背面,將拉鍊口袋布對摺,車縫∩形即完成,注意不要車到表布。

提把

1

提把布（反）

提把布背面一半燙襯。

2

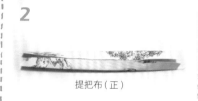

提把布（正）

以四摺法將提把布對摺二次,整燙。

3

套入鉤環。

4

兩側短邊正面相對,對齊車縫。

5

手把布摺好,可用強力夾先固定。

6

如圖車縫兩邊。

7

再將鉤環車縫固定。

8

完成。

拉鍊夾層口袋

1

拉鍊口袋布
（反）

準備拉鍊與兩片拉鍊口袋布，一
貼襯、一片不貼。

5

拉鍊口袋布
（正）

翻回正面，0.2cm 處壓線。

2

拉鍊口袋布
（正）

正面相對夾車拉鍊。

6

拉鍊口袋布
（反）

以相同方法夾車另一側拉鍊。

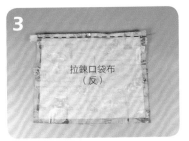

3

拉鍊口袋布
（反）

完成如圖。

7

拉鍊口袋布
（反）

完成如圖。

4

攤開整燙。

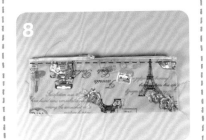

8

翻回正面整燙壓線，注意不要車
到另一側拉鍊布。

PART
5
基本技法

國家圖書館出版品預行編目 (CIP) 資料

就缺這一款！超實用手拿包/陳幼鍛等著.
-- 初版 . --
新北市：飛天, 2013.1
　面；　公分 . -- (玩布生活；7)
ISBN 978-986-87814-4-3(平裝)

1. 拼布藝術 2. 手提袋

426.7　　　　　　　　　　101027219

系列／玩布生活 07

就缺這一款！超實用手拿包

作　　者／陳幼鍛、王純如、施雅玲、郭雅芬
總 編 輯／彭文富
成品攝影／詹建華
企畫編輯／王義馨
編　　輯／陳歆亞
校　　對／王元卉、張維文
美編設計／星亞
出版者／飛天出版社
地址／台北縣中和市中山路 2 段 530 號 6 樓之 1
電話／ (02)2222-7270 · 傳真／ (02)2222-1270
網站／ http://cottonlife.pixnet.net/blog
E-mail ／ cottonlife.service@gmail.com

■發行人／彭文富
■劃撥帳號：50141907 ■戶名：飛天出版社
■總經銷／時報文化出版企業股份有限公司
■倉庫地址：桃園縣龜山鄉萬壽路二段 351 號
電話：(03)3191966

初版 4 刷 ／ 2015 年 1 月
ISBN ／ 978-986-87814-4-3
定價：350 元